世界王牌武器入门之

冷兵器

COLD STEEL

军情视点 编

化学工业出版社
·北京·

本书精心选取了世界各国研制的近200种冷兵器，涵盖了长刀类、短折刀类、短直刀类、弓弩类、战斧类及其他冷兵器等不同种类的武器。书中对每种冷兵器以简洁精练的文字介绍了其历史、性能以及用途等方面的知识。为了增强阅读趣味性，并加深读者对冷兵器的认识，还专门介绍了部分冷兵器在一些电影、游戏作品中的登场表现。

本书内容结构严谨、分析讲解透彻，图片精美丰富，特别适合作为广大军事爱好者的参考资料和青少年朋友的武器入门读物。

图书在版编目(CIP)数据

世界王牌武器入门之冷兵器 / 军情视点编. —北京：化学工业出版社，2018.8（2023.1重印）
ISBN 978-7-122-32248-7

Ⅰ. ①世… Ⅱ. ①军… Ⅲ. ①冷兵器-介绍-世界
Ⅳ. ①E922.8

中国版本图书馆CIP数据核字（2018）第110843号

责任编辑：徐　娟　　装帧设计：中海盛嘉
责任校对：王　静　　封面设计：刘丽华

出版发行：化学工业出版社(北京市东城区青年湖南街13号　邮政编码100011)
印　　装：中煤（北京）印务有限公司
787mm × 1092mm　1/16　印张 $6\frac{1}{2}$　字数 200千字　2023年1月北京第1版第3次印刷

购书咨询：010-64518888　　售后服务：010-64518899
网　　址：http://www.cip.com.cn

定　　价：45.80元

前言

中国古代兵器在祖国悠久的历史长河中，积累下一部璀璨耀目的史册。那一页页凝聚着中国古代劳动人民勤劳、勇敢、智慧的结晶，一篇篇诉说着石斧铜戟、金戈铁马的赫赫战绩。中国古代兵器的发展可分为石兵器、青铜兵器、铁兵器及古代火器四个历史阶段。从大范围划分，前三个阶段归于冷兵器阶段，此后进入冷兵器与火器并用阶段，直到鸦片战争以后，西方近代火器传入中国，才逐渐结束了大规模使用冷兵器的历史。

冷兵器出现于人类社会发展的早期，由耕作、狩猎等劳动工具演变而成，随着战争及生产水平的发展，经历了由低级到高级、由单一到多样、由庞杂到统一的发展完善过程。火器时代开始后，冷兵器已不是作战的主要兵器，但因具有特殊作用，故一直沿用至今。在现代军队或执法单位中，冷兵器依然在某些特定的环境中发挥着非同一般的作用。而在民间，喜爱冷兵器的人也不在少数。本书精心选取了世界各国研制的近200种冷兵器，涵盖了长刀类、短折刀类、短直刀类、弓弩类、战斧类及其他冷兵器等不同种类的武器。书中对每种冷兵器以简洁精练的文字介绍了其历史、性能以及用途等方面的知识。为了增强阅读趣味性，并加深读者对冷兵器的认识，还专门介绍了部分冷兵器在一些电影、游戏作品中的登场表现。

作为传播军事知识的科普读物，最重要的就是内容的准确性。本书的相关数据资料均来源于国外知名军事媒体和军工企业官方网站等权威途径，坚决杜绝抄袭拼凑和粗制滥造。在确保准确性的同时，我们还着力增加趣味性和观赏性，尽量做到将复杂的理论知识用简明的语言加以说明，并添加了大量精美的图片。

参加本书编写的有丁念阳、黎勇、王安红、邹鲜、李庆、王楷、黄萍、蓝兵、吴璐、阳晓瑜、余凑巧、余快、任梅、樊凡、卢强、席国忠、席学琼、程小凤、许洪斌、刘健、王勇、黎绍美、刘冬梅、彭光华、杨淼淼、祝如林、杨晓峰、张明芳、易小妹等。在编写过程中，国内多位军事专家对全书内容进行了严格的筛选和审校，使本书更具专业性和权威性，在此一并表示感谢。

由于时间仓促，加之军事资料来源的局限性，书中难免存在疏漏之处，敬请广大读者批评指正。

编者

2018年3月

CONTENTS
目　录

第 4 章 短直刀类冷兵器入门 …… 037

第1章

冷兵器概述

在战争工具的发展史上，冷兵器时代属于较早期的一个阶段，制作方法也比较简易。冷兵器与火药发明以后，使用化学能的火器或热兵器有非常大的差异。冷兵器的构造一般较火器简单，可通过人力和机械的力量来操作。在火器没有大规模被使用之前，冷兵器一直是战场上广泛使用的兵器。本章详细介绍了冷兵器的发展历史、分类和铸造方法等知识。

◆ 冷兵器的历史

冷兵器出现于人类社会发展的早期，由耕作、狩猎等劳动工具演变而成，随着战争及生产水平的发展，经历了由低级到高级，由单一到多样，由庞杂到统一的发展完善过程。世界各国、各地冷兵器的发展过程各有特点，但基本可归结为石兵器时代、铜兵器时代、铁兵器时代和冷兵器、火器并用时代。其中石兵器时代延续的时间最长。火器时代开始后，冷兵器已不是作战的主要兵器，但因具有特殊作用，故一直延用至今。

石兵器时代从原始人学会制作劳动工具——石斧、石刀等开始，到夏朝青铜兵器问世以前，大约历经五六十万年之久。从出土的石兵器判断，中国最古老的兵器是古代猿人采集燧石、角岩等原料，经过敲打、磨制而成的，有扁、圆、方等各种不规则的形状。人类的祖先依靠这些既是劳动工具又是防卫武器的器具，围兽捕猎、刀耕火种，顽强地生存并得以进化发展。到旧石器时代末期，人们已能制造出石矛、标枪、石斧等兵器，进而发明了抛射兵器——弓箭。

新石器时代，石兵器的制造技术已有很大进步，种类日渐增多。中国考古工作者曾在浙江省发掘出土了一批石兵器，有石斧、石铲、石锄、石镰和石戈等。这些石兵器多采用硅质石灰岩、千层岩等石料，经过精心敲打、琢磨、钻凿而成。从这些石器中已能初步划分出打击型兵器（如锤、斧）和切砍型兵器（如刀、镰、戈）等。当时较为先进的石兵器有石戈、石刀、石矛等，它们为后来冷兵器的发展奠定了根基。与此同时，人们还借用兽骨、蚌壳、竹木等材料制作兵器。

▲ 新石器时代所制造的武器

▲ 夏代的青铜酒爵

在原始社会，石兵器本身也是劳动工具。那时人与人之间以血缘关系为纽带，结成一个个部落。为了争夺有限的生存资源或掠夺婚姻，部落与部落之间常常发生械斗，甚至爆发较大规模的战争。出于战争的需要，人们手中的劳动工具越来越多地演变为兵器，促使兵器走出原始时期，与劳动工具分道扬镳。在进入阶级社会之后，战争具有了阶级斗争的性质。这些具有独特形制和专门作用的战斗器具才演变成真正意义上的兵器，它连同军队一并成为统治阶级的垄断工具。

在原始社会后期，中国就已经掌握了天然铜的冶炼技术及其器具的制造和使用方法，随后又掌握了青铜冶炼技术。夏代末期，以青铜为制造材料的第一代金属兵器登上了历史舞台，冷兵器正式从石兵器进入了铜兵器的时代。古代的青铜，实际是红铜与银锡熔炼的合金。用它铸造的器物呈现青灰色或青绿色，所以称之为“青铜器”。

商代的生产力比夏代更有发展，特别是青铜手工业。奴隶主为了镇压奴隶的反抗和掠夺的需要，建立了规模更大的军队，需要更多的兵器，从而促进了兵器制造业的发展，提高了青铜兵器的制造技术。其中最明显的是青铜冶炼工艺的进步，当时已经由矿石混合冶炼铸造的初级阶段，发展到由铜与锡（或铅）来冶炼的高级阶段，为制造较精良的兵器奠定了基础。商代制造的青铜兵器，已经出现格斗用的长杆戈、矛和战斧，远射用的弓箭，护身用的短柄刀剑，以及防护装具青铜胄、皮甲、盾等，同时发明了既具有较强攻击力、又具有防卫力的战车。其中，商代前期以制造适应步兵战斗需要的戈和盾为主，后期以制造战车和适应战车需要的长柄戈、矛、戟和弓箭为主。

周朝建立以后，由官员司空管理兵器制造之事。到了春秋时期，由于铜矿开采和冶铸业的兴盛，青铜兵器制造技术有新的突破，主要表现在三个方面：一是青铜制造工艺的配方有了科学的比例；二是青铜兵器已向最初的标准化与规范化发展；三是复合剑的创制。春秋时期诸侯征战，南方的吴越地区，其铸剑水平远远超过中原诸国，出现了许多传奇式的铸剑大师，如欧冶子和干将、莫邪夫妻，他们的铸剑故事一直流传至今。

▲ 商代的青铜戈

世界上最早制造铁器的是小亚细亚（今土耳其境内）的赫梯人，时间在公元前 1400 年左右。在公元前 1000 年左右，古希腊和古罗马开始普遍使用铁制的工具和兵器。在公元前 500 年左右，欧洲大陆开始普遍使用铁器。美洲及大洋洲则没有铁器时代，因为铁的运用是由欧洲人传入的。

▲ 反映冷兵器时代的油画作品

中国最早的关于使用铁制工具的文字记载，是《左传》中的晋国铸铁鼎。在春秋时期，中国已经开始在农业、手工业生产上使用铁器。到了战国时期（公元前 475 ～公元前 221 年），中国冷兵器逐渐由铜兵器时代进入了铁兵器时代。当时正逢群雄争霸，各诸侯国之间的战争日趋频繁。为了适应战争的需要，各诸侯国都设立了专造兵器的作坊，使兵器制造的品种和数量大为增加，质量也有很大的提高。据说战国时期有铜山 467 座，铁山 3690 座。人们逐渐掌握炼钢技术后，由制造少量的宝剑，发展到大量生产各种铁兵器，从此铁兵器逐渐取代青铜兵器的地位。

中国冶铁业出现的时间虽晚于西亚和欧洲等地，但其后发展迅速，在相当长的一段时间内，一直处于世界冶金技术的前列。一般来说，人类冶铁炼钢技术的发展都经过了熟铁（块炼铁）、生铁到钢的三个阶段。熟铁是含碳量很低（0.08% 以下）的软钢，不能制造需要相当硬度的兵器，在已出土的古代兵器中，用熟铁制造的极少；生铁的含碳量大约在 1.7% ～ 3.4% 之间，性硬而脆，耐磨性强，适于铸造而难于加工；钢的含碳量在 0.08% ～ 1.7% 之间，低碳钢坚韧好，高碳钢硬度高，是制造各种兵器的最佳材料。由生铁炼钢，其温度需达到 1500 摄氏度上，古代很难办到，但由于战国晚期的冶金工匠已经较好地掌握了熟铁固态渗碳炼钢的技术，因而钢的产量迅速增加，为钢铁兵器的大量制造提供了丰富的原材料。用熟铁或低碳钢经渗碳制造的宝剑，刃口锋利而坚硬，而芯部柔软，不易折断。

火器是中国古代火药兵器的简称。早在公元 1044 年以前，中国北宋军队已经装备有多种早期的火药兵器了。这标志着中国古代兵器的发展步入了新时代。

在欧洲，冷兵器和火器并用的时代大约始于 14 世纪 70 年代。当时正逢英法百年战争期间，处于反攻阶段的法国将大批从阿拉伯传来的大炮应用于攻城战，欧洲第一批炮兵的出色表现使得攻城战不再是带有重大伤亡的冲锋肉搏，只用炮火就可能使城墙打开无法弥合的缺口。同一时期，法国军队也出现了火枪兵，与炮火轰击对方阵地相呼应，应用于战争中射击冲锋的敌人。火枪因射程远、穿甲性能高，使 30 年前还在法国耀武扬威的英国弓箭兵难以与之抗衡。从此时起，弓箭在各个国家开始逐渐被火枪淘汰。大约在 1550 年，西欧弓箭兵甚至全部绝迹，改用火枪。但即使到了 1750 年，作战冲锋的主要力量仍然是挥舞马刀的骑兵和拿着长矛的步兵。

真正的改变出现在 1800 年左右的拿破仑战争中，因为拿破仑对火炮配置的划时代革新和各国火枪性能的不断提升，使得步兵单纯用

▲ 现代军用刀具

冷兵器冲锋已经是件伤亡惨重的事，因此长矛兵完全被火枪兵所取代。不过骑兵因为冲锋速度快、马刀砍杀威力巨大，因此延续到了1900年左右。导致冷兵器的最后一个兵种——骑兵也退下来的原因主要有两个，一是机枪的出现和发展，二是更高效高速并且可以配置机枪的摩托化部队成为战场新宠。至此，整个冷兵器时代终于终结了。

20世纪以来，冷兵器在战场上所能起到的作用越来越小，但它并没有完全退出战争舞台。时至今日，刀、匕首和弓弩等冷兵器由于具备一些热兵器所不具备的优点，如隐蔽性强、利于野外生存等，仍然是许多国家特种部队或执法机关的得力助手。

▲ 美军士兵使用现代刺刀进行演练

◆ 冷兵器的分类

★ 格斗兵器

格斗兵器也叫长兵器，一般是在长柄上安装有锋利的刃，使之具有杀伤性。这类兵器是冷兵器时代最基本的攻击性兵器。与护身兵器相比，格斗兵器具有时效性好、可先发制人的优点。

▲ 青铜矛（一般置于长柄顶部）

★ 护身兵器

护身兵器也叫短兵器，一般短柄，易于单手使用，主要用作护体防身。护身兵器主要有刀、剑和匕首等，这类兵器在现代军队中仍然占有一席之地。世界上大多数国家都为自己的陆军配备了刺刀，为伞兵配备了伞兵刀，并为三军仪仗队配备了指挥刀，而锋利无比、用途广泛的格斗刀、生存刀和丛林刀等，则是特种部队的挚爱。

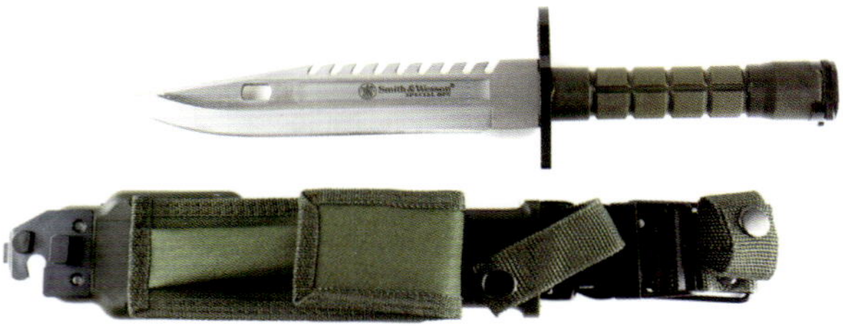

▲ 美国 M9 刺刀及可拆卸式刀鞘

★ 远射兵器

远射兵器又叫抛射兵器，用来远距离地杀伤敌人，主要包括弓和弩。在冷兵器时代，弓弩是战场上的主要兵器之一。正如恩格斯所说："弓箭对于蒙昧时代，正如铁剑对于野蛮时代和火器对于文明时代一样，乃是决定性的武器。"到了现代，由于弩具有无声无光的隐蔽优势，因此仍被特种部队或特警单位所采用，用于执行反恐怖和其他特殊任务。

▲ 使用现代技术制造的弩

◆ 冷兵器的铸造

在冷兵器时代，兵器的质量直接取决于所用材料的优劣。石兵器时代以石为材，并没有太多的技术含量。而到了铜兵器时代以及之后的铁兵器时代，冷兵器的原材料变成了青铜、铁和钢，这就需要相应的技术支持了，其中最关键的便是冶炼技术。

★ 青铜冶炼

青铜兵器的出现和发展是建立在冶金设备的发展和完善基础上的。先进的炼铜竖炉是青铜冶铸业兴起的基础之一。从已出土的春秋时期的炼铜竖炉来看，当时的竖炉由炉基、炉缸和炉身组成，在炉的前壁下部设有金门和出渣、出铜的孔洞，炉侧还设有鼓风口，整体结构已相当先进。

在冶炼青铜的过程中，人们还逐步发现了铜与锡、铜与铅的配比的改变能够使炼制出来的青铜的属性发生变化。青铜熔点低，加进的锡越多，熔点越低。同时随着加锡量的增多，硬度也随之增高，远远超过了红铜（纯铜）的硬度。但是加锡过多时，青铜反而变脆，容易断裂。后来，人们又发现在青铜中加入定量的铅，就能克服青铜较脆的弱点。通过反复的实践，到战国时期，人们已经总结出配制青铜的合金规律。

★ 钢铁冶炼

由于青铜冶炼技术的炉火纯青，青铜兵器在春秋时期进入极盛时代。到了战国时代，由于冶铁技术的进步，社会经济制度的变革，社会上对于铁器需要量的增加，铁矿的开采、铁的冶炼和铸造成为关系国计民生的重要手工业，因此，冶铁业开始发展起来。

人类冶铁炼钢技术的发展都经过了熟铁（块铁）、生铁（铸铁）到钢的三个阶段。由于生铁的性能远高于熟铁，所以真正的铁兵器时代是从生铁诞生后开始的。

东汉时期，先进的"百炼钢"工艺出现了，这是中国古代最主要的炼钢技术。百炼钢肇始于西汉早期的块炼渗碳钢，其后不断增加锻打次数而成定型的加工工艺。其特点是反复加热锻打，从而排除钢中夹杂物，减少残留夹杂物的尺寸，从而使其成分趋于均匀，组织趋于致密，细化晶粒，改善钢的性能。到东汉、三国时，百炼钢工艺已相当成熟。魏晋时期是百炼钢的鼎盛时期。后世这一工艺一直被继承，并不断得到发展。

第2章

长刀类冷兵器入门

刀在通常所说的“十八般武器”中排名第一，在冷兵器时代曾是威力极大的近战武器。长刀是指尺寸较长的刀剑类冷兵器，由于尺寸和质量较大，通常需要双手握持。时至今日，长刀因其可靠性强、制造噪声少、使用简便等特点依然被世界各国军人所喜爱。本章主要介绍第二次世界大战（以下简称二战）以来各国设计、制造的经典长刀类冷兵器，每种刀都简明扼要地介绍了其制造背景和用途，并有准确的参数表格。

美国冷钢16CCB大刀

小档案	
质 量：	463克
全 长：	400毫米
刃 长：	268毫米
刃 厚：	7毫米
刃 宽：	41毫米

冷钢16CCB大刀是美国冷钢刀具公司设计生产的大型直刀，适合各种高要求的重型用途。该刀刀刃非常坚硬，具备较强的抗磨损能力，能胜任各种重型任务。刀刃和手柄体现出浑然一体、不可分割的协调性。该刀既适合劈砍，也适合日常切削，是极度强劲的野外战斗工具，手柄表面有格状纹路，能提供更舒服、稳固的把握度。

美国冷钢39L16CT大刀

小档案	
质 量：	473.4克
全 长：	370毫米
刃 长：	241毫米
刃 厚：	7.5毫米
刃 宽：	40毫米

冷钢39L16CT大刀是美国冷钢刀具公司设计生产的大型直刀，自1987年推出后便大受欢迎。该刀之所以比其他大刀坚韧耐用，在于其厚实的水滴形刀尖，刀尖厚度也比其他刀具公司的大刀更厚。即便如此，该刀的刀尖依然很锋利，刀刃经过仔细的研磨开刃与抛光，配合刀背前端约116毫米的假刃，刀尖的穿刺力非常大。

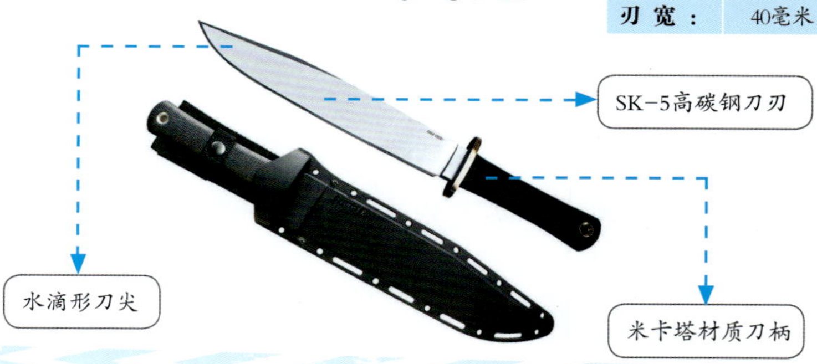

美国冷钢39LLBT大刀

小档案	
质 量：	473克
全 长：	402毫米
刃 长：	268毫米
刃 厚：	7.5毫米
刃 宽：	40毫米

冷钢39LLBT大刀是美国冷钢刀具公司设计生产的大型直刀，适合各种高要求的重型用途。其刀刃用SK-5高碳钢材制成，坚硬、抗磨损，能胜任各种重型任务。刀刃和完美抛光的黑色米卡塔材质刀柄浑然一体，精心设计的刀柄使冷钢39LLBT大刀既适合劈砍，也适合日常切削。

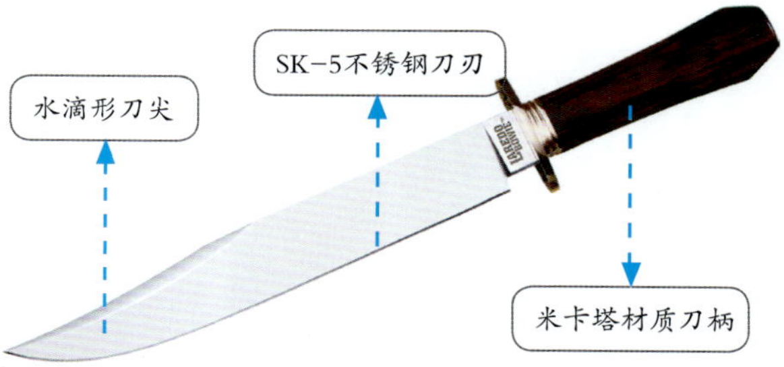

小档案	
质 量：	641克
全 长：	700毫米
刃 长：	532毫米
刃 厚：	6.5毫米
刃 宽：	32毫米

美国冷钢88W武士刀

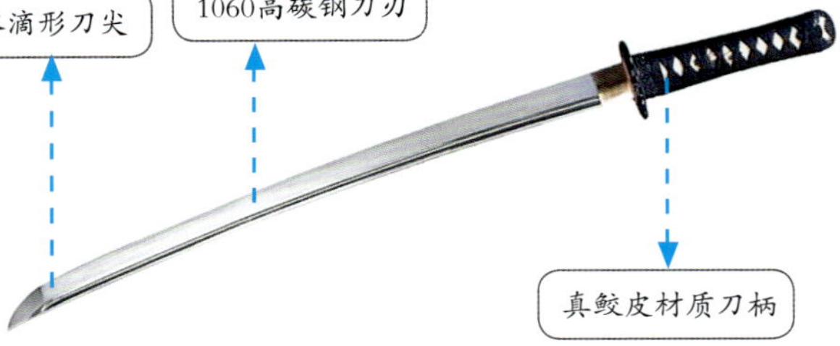

冷钢88W武士刀是美国冷钢刀具公司设计生产的武士刀，属于冷钢“帝王”系列武士刀。该刀属于胁差刀，运用最贴近传统型态的材质制造，拥有最近似传统的外观，无论护手、目贯、鲛鱼皮柄等，都接近传统的日本武士刀。在日本古代，胁差刀是日本武士的备用刀具，当作为主力的长刀损毁时才派上用场。

冷钢88T武士刀是美国冷钢刀具公司设计生产的武士刀，属于冷钢“武士”系列武士刀。冷钢88T武士刀的护手和柄头都用黑铁铸成，而且做工考究。黄铜鞘口是用全手工制作抛光而成。手柄上包裹的是真鲛皮，并且用黑线用传统十字交叉方式缠裹。刀刃由经验丰富的职业刀匠手工锻造打磨，按照传统日本铸刀方法制造而成。

美国冷钢88T武士刀

小档案	
质 量：	512克
全 长：	495毫米
刃 长：	338毫米
刃 厚：	8毫米
刃 宽：	33毫米

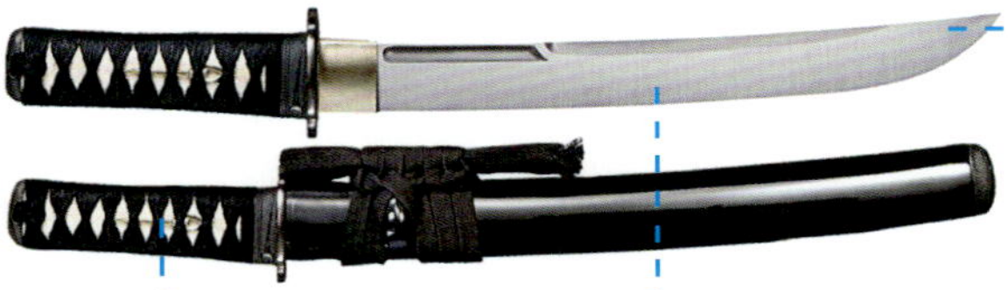

小档案	
质量：	1052克
全长：	920毫米
刃长：	630毫米
刃厚：	8毫米
刃宽：	33毫米

美国冷钢88BCK武士刀

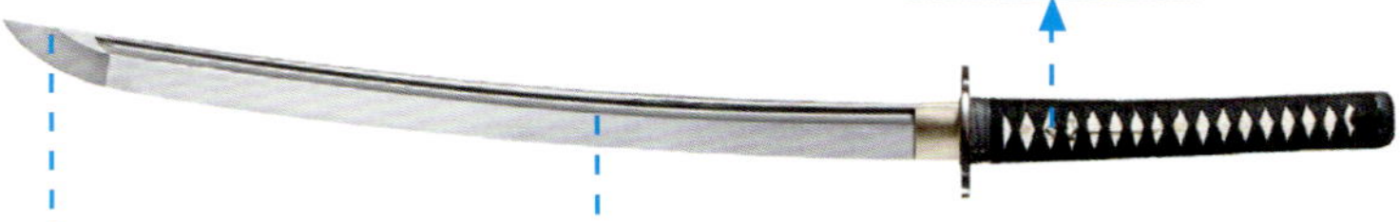

冷钢88BCK武士刀是美国冷钢刀具公司设计生产的武士刀。刀刃使用1055高碳钢，虽然经过反复淬火，却丝毫不影响刀锋的锋利度和保持力。该刀属于“打刀”，主要用于实战而不是观赏，所以它的重点放在品质和设计上面。迄今为止，市场对该刀的反馈评论都比较好。

小档案	
质 量：	785克
全 长：	1120毫米
刃 长：	840毫米
刃 厚：	6毫米
刃 宽：	25毫米

美国冷钢BOKKEN武士刀

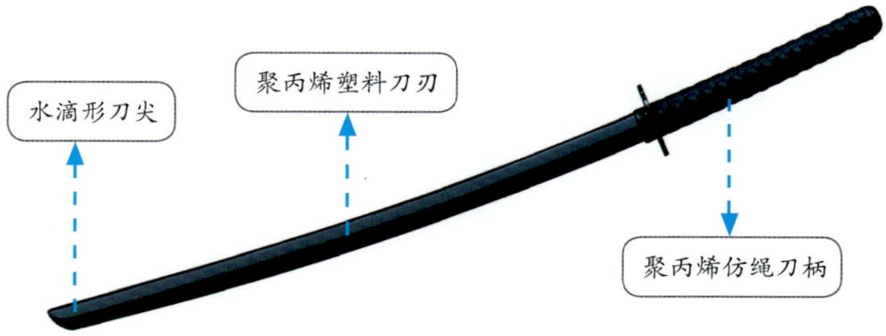

冷钢BOKKEN武士刀外形美观大方，可以轻松应对各种户外要求。由于采用了高硬度、高强度的聚丙烯塑胶材料，该刀在尺寸、质量以及质感方面都与真正的钢刀非常相似。BOKKEN武士刀有4种型号，分别为92BKKA、92BKKB、92BKKC与92BKKD，不同型号配备有各自对应的刀鞘。美国洛杉矶骑警就装备了92BKKD武士刀作为镇暴武器。

美国冷钢88CSSN 1917战刀

88CSSN 1917战刀由美国冷钢刀具公司精心打造，经过严格的测试和质量把关。88CSSN 1917战刀精选1055高碳钢材，经专业热处理后形成一个完美弧度刀身，其护手表面经过发蓝处理，发蓝后的护手可以很好地保护左右手。该武器配备的刀鞘为实木外覆真皮发蓝金具。

小档案	
质 量：	1280克
全 长：	914毫米
刃 长：	787毫米
刃 厚：	5.1毫米
刃 宽：	22毫米

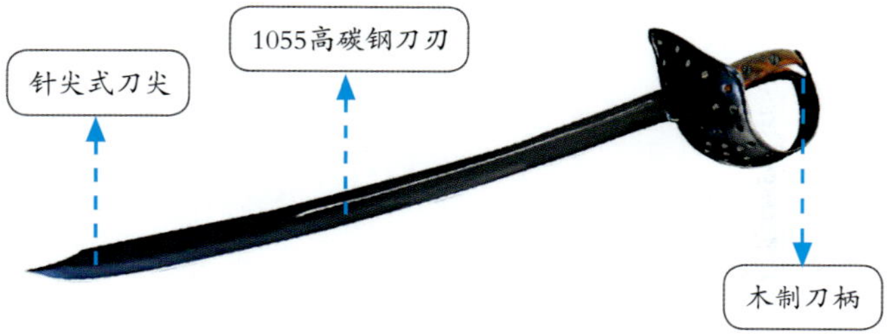

小档案	
质量：	1400克
全长：	940毫米
刃长：	780毫米
刃厚：	4.6毫米
刃宽：	25.7毫米

美国M1913骑兵军刀

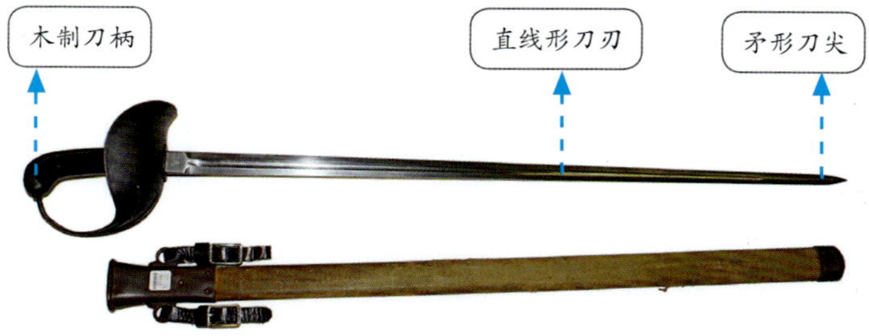

M1913骑兵军刀（Model 1913 Cavalry Saber）是美国名将乔治·巴顿在其青年时期设计的骑兵军刀，因此也被称为“巴顿军刀”（The Patton Saber）。这种骑兵军刀为直线形设计，刀刃非常长，是一种理想的击刺武器，能够完美地用于刺杀。不过，枪械的迅速发展使骑兵军刀失去了用武之地，“巴顿军刀”更多地成了骑兵们的标志性装备，很少在实战中使用。

美国U.S ONTORY 4–12丛林开山刀

小档案	
质量：	980克
全长：	590毫米
刃长：	375毫米
刃厚：	30毫米
刃宽：	44毫米

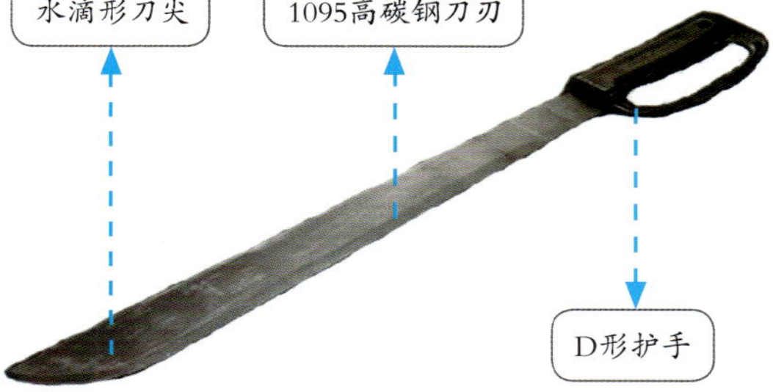

U.S ONTORY 4–12 丛林开山刀是由美国安大略刀具公司设计和生产的一款丛林开山刀，是美军特种部队在丛林作战的主要装备之一。该刀的刀身以 1095 高碳钢制成，并经过黑色氧化（磷酸锌）涂层处理，有极佳的硬度，D 形护手又增加了使用者的安全系数。该刀的质量比其他同类产品更轻，携带非常方便。当士兵必须在深山里开山开路、翻山越岭时，这款开山刀无疑是理想的选择之一。

日本94式军刀

小档案	
质量：	1500克
全长：	1010毫米
刃长：	620毫米
刃厚：	4.2毫米
刃宽：	20毫米

1933 年 2 月 6 日，日本陆军军官荒川五郎、栗厚彦三郎等在东京下议院向政府提出复兴日本刀剑的建议案，获得一致通过。1934 年 8 月，日本军官正式开始佩带 94 式军刀。94 式军刀采用日本传统的“阵太刀”即长刀的形式，刀鞘为双环。它与传统日本刀的相同之处是：刀柄以珠粒细密的白色鲛鱼皮包裹，并用丝带编花缠绕。

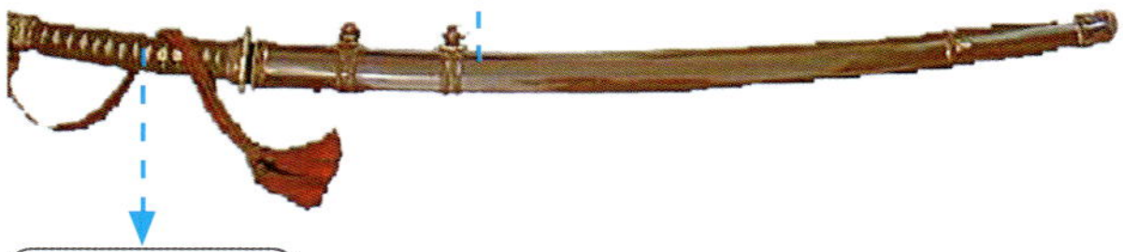

日本95式军刀

小档案	
质量：	1300克
全长：	980毫米
刃长：	720毫米
刃厚：	3.8毫米
刃宽：	21毫米

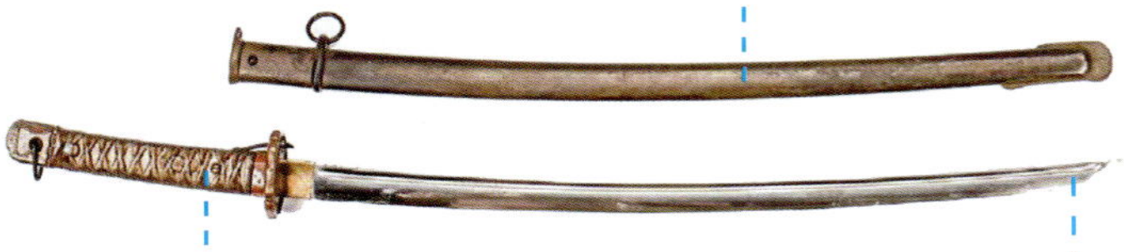

95 式军刀是日本于 1935 年开始为士官配发的军刀，刀鞘为单环，刀柄仿照 94 式军刀刀柄的花纹用铜或铝压制而成。士官军刀的刀刃有血槽，形状为日本刀中所称的“棒槽”式。护格、刀穗环没有花纹，刀鞘为皮制。

日本98式军刀

小档案	
质量：	1400克
全长：	1000毫米
刃长：	790毫米
刃厚：	2.2毫米
刃宽：	23毫米

98式军刀是日本于1938年开始为军官配发的军刀，刀鞘为单环。与94式军刀相比，98式军刀的样式有所简化。刀柄需要双手持握，劈刺凶狠有力。刀鞘与刀有闭锁装置，以避免对使用者造成意外伤害。

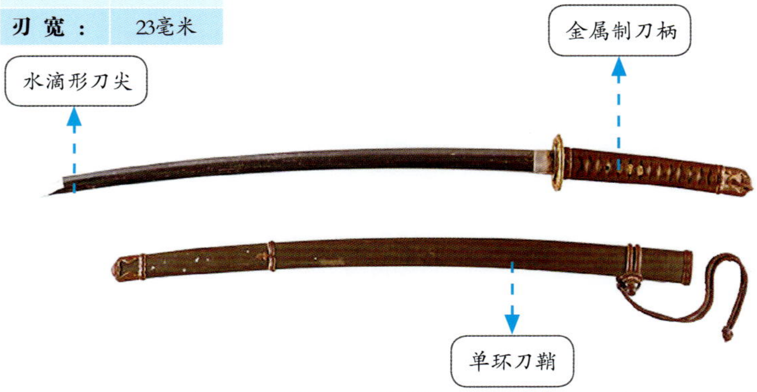

日本KM-380战术直刀

KM-380战术直刀是由日本著名刀匠松田菊男设计的战术直刀，绰号“狐狼”（Jackal）。该刀刀身表面采用战术蚀刻花纹处理，刀根上端刻有“菊”字标识和钢标号。波浪状外形的手柄提供了出色的把握力，刀根下端和柄尾的系绳孔使用迷彩伞绳制成的手部固定绳，时刻保障刀具处于控制之内。

小档案	
质量：	600克
全长：	380毫米
刃长：	229毫米
刃厚：	5.6毫米
刃宽：	46毫米

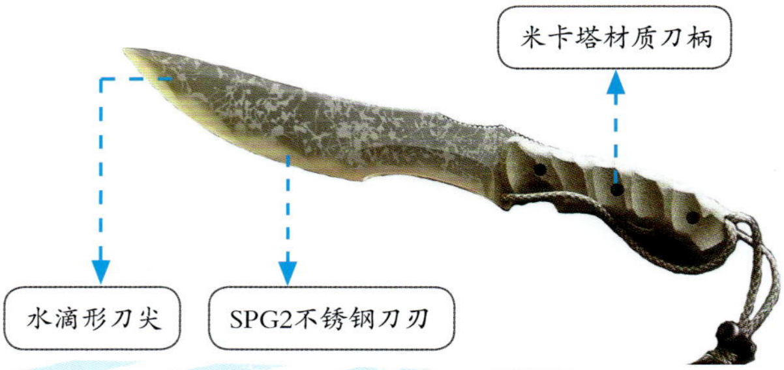

尼泊尔廓尔喀弯刀

小档案	
质量：	550克
全长：	400毫米
刃长：	260毫米
刃厚：	8毫米
刃宽：	40毫米

廓尔喀弯刀（Gorkha Machete）原产于尼泊尔，目前在世界各国的特种部队中颇为流行。传统的廓尔喀弯刀完全由手工制成，4个工人需要耗费一整天时间才能完成一把锋刃。廓尔喀弯刀特别注重实用性，装饰性其次。该刀头重脚轻，前宽后窄，背厚刃薄的刀身状如狗腿，赋予其超凡的劈砍能力。廓尔喀弯刀不仅可用于近身格斗，还是优秀的野外求生刀具，适合修理装置、挖洞、切削帐篷支柱、切肉、开罐头、解剖猎物等。

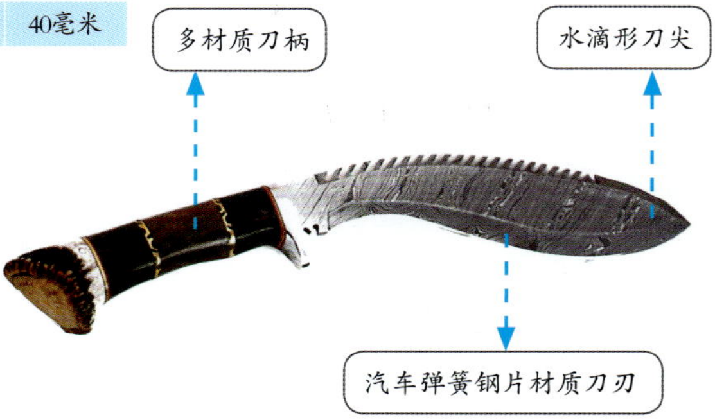

第3章

短折刀类冷兵器入门

短折刀是一种短小精悍、能折叠嵌入刀柄内的袖珍刀具。在野外环境中，制作精良的短折刀不仅灵活而且易于控制，除了是一种优秀的武器之外，更是使用者手臂的一种延伸。本章主要介绍二战以来各国设计、制造的经典短折刀类冷兵器，每种短折刀都简明扼要地介绍了其制造背景和用途，并有准确的参数表格。

美国蝴蝶32甩刀

小档案		
质　量	：	79克
全　长	：	186毫米
刃　长	：	81毫米
刃　厚	：	2毫米
刃　宽	：	18毫米

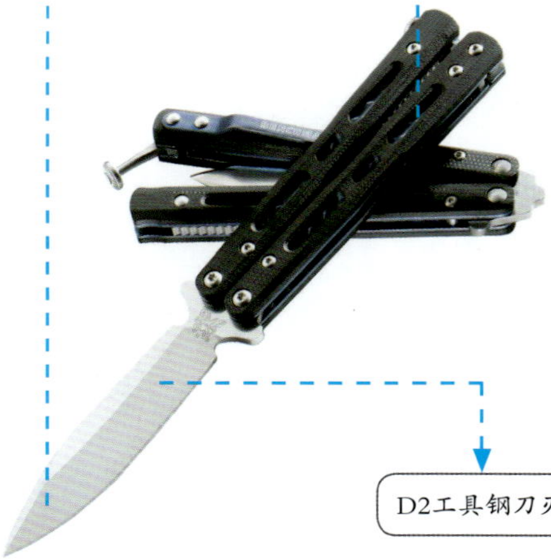

蝴蝶32甩刀是美国蝴蝶刀具公司于2006年推出的甩刀。该刀大胆使用镂空G10材质，结合镀色处理钛金属内衬，产生绝佳的混搭视觉效果，并大幅减轻整体质量。蝴蝶刀具公司以往的产品都是以一条弹簧提供弹力，蝴蝶32甩刀则改用握柄内衬的钛金属片提供弹力，使用寿命更长、更稳定。

小档案		
质　量	：	200克
全　长	：	231毫米
刃　长	：	96毫米
刃　厚	：	3.2毫米
刃　宽	：	21毫米

美国蝴蝶67甩刀

蝴蝶67甩刀是美国蝴蝶刀具公司设计生产的甩刀，其开合动作非常像蝴蝶在扇动翅膀，所以在中国通常被称为“扇刀”或者“蝴蝶刀”。蝴蝶67甩刀拥有一个D2工具钢制作的弯曲刃几何头刀片，凹磨手法让略微内凹的刃部拥有出色的切削能力，而加宽加厚的几何状刀尖让其拥有出色的穿刺能力。

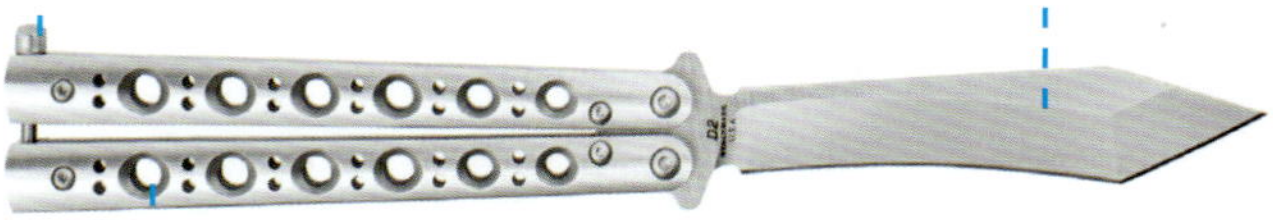

美国蝴蝶523SBK战术折刀

小 档 案

质 量	：	165克
全 长	：	210毫米
刃 长	：	87毫米
刃 厚	：	3毫米
刃 宽	：	27毫米

蝴蝶 523SBK 战术折刀是美国蝴蝶刀具公司设计生产的双向止滑手柄头半齿战术折刀，以出色的人体工程学、实用性以及完美的握把手感著称。蝴蝶 523SBK 战术折刀两侧以精密的机械加工雕刻成双向防滑纹理，阶梯式的止滑纹提供稳固结实的抓握力。拇指和食指抵触的区域有一段止滑横向刻槽，可以提高使用者对刀具的控制力。尾部带有系绳孔，以及可拆卸换边安装的黑色不锈钢口袋夹，便于用户贴身携带。

美国蝴蝶530BK战术折刀

小 档 案

质 量	：	53克
全 长	：	188.5毫米
刃 长	：	82.5毫米
刃 厚	：	2.3毫米
刃 宽	：	26毫米

蝴蝶 530BK 战术折刀是美国蝴蝶刀具公司于 2004 年底开发，由著名刀匠梅尔·帕度（Mel Pardue）设计的随身实用刀具，外观精致，手感舒适。刀身采用了黑色涂层处理，矛形刀尖使其穿透力非常强，而刀柄则使用了 Noryl GTX 830 材质，不仅坚固不滑手，而且质量较轻，携带非常方便，是一把理想的户外随身刀。

美国蝴蝶556SBK战术折刀

小档案	
质 量：	76克
全 长：	172毫米
刃 长：	83毫米
刃 厚：	2.5毫米
刃 宽：	23毫米

蝴蝶556SBK战术折刀是美国蝴蝶刀具公司设计生产的战术折刀，由梅尔·帕度设计，绰号“支配者”（Griptilian）。该刀的刀身以154CM不锈钢制成，表面有黑色涂层，拥有卓越的刃部保持性和抗锈蚀性能，出色的锋利度足以胜任各种严格的切割需求。改良型水滴头刀尖较传统的水滴头刀尖更加锐利，穿刺力也更强。

美国蝴蝶810战术折刀

蝴蝶810战术折刀是美国蝴蝶刀具公司设计生产的战术折刀，采用改进型手柄，握持更舒适。该刀装有蝴蝶刀具公司专利的轴锁，配以CPM M4高速钢，刀具更坚固耐用，性价比更高。此外，该刀在手柄尾部设计有一个破窗锥，握紧后可以瞬间击碎汽车玻璃。

小档案	
质 量：	165克
全 长：	237毫米
刃 长：	102毫米
刃 厚：	4毫米
刃 宽：	30毫米

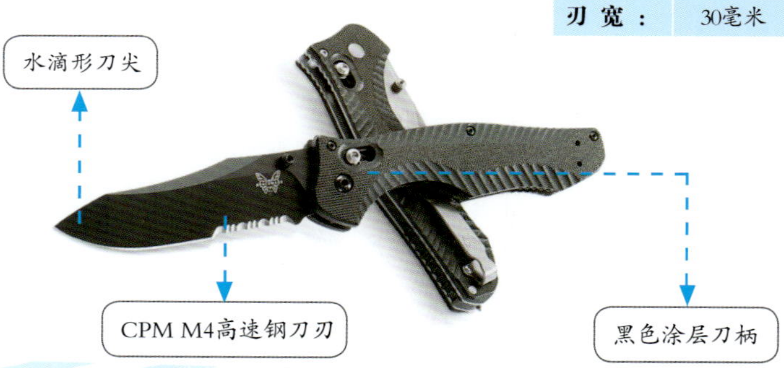

美国蝴蝶860SBK战术折刀

小档案	
质 量：	203克
全 长：	250毫米
刃 长：	100毫米
刃 厚：	3毫米
刃 宽：	30毫米

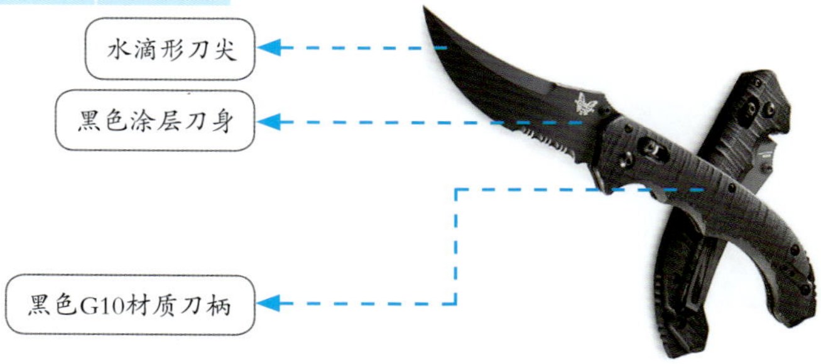

蝴蝶860SBK战术折刀是美国蝴蝶刀具公司设计生产的战术折刀，也是该公司最新的热门产品。这种战术折刀拥有波斯弯刀一般的外形，刀身有黑色涂层，刀背开有假刃，整体线条非常流畅。该刀的手柄是黑色G10材质，衬垫采用黑色氧化不锈钢420J，非常适合手部握抓。

美国蝴蝶551H20潜水刀

小档案	
质　量：	110克
全　长：	205毫米
刃　长：	88毫米
刃　厚：	3毫米
刃　宽：	30毫米

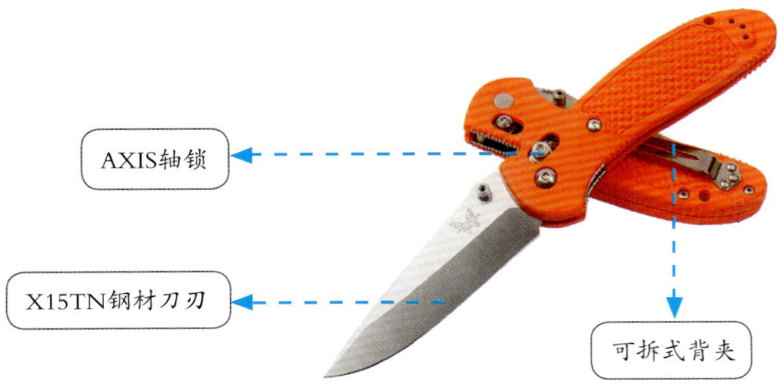

蝴蝶 551H20 潜水刀是美国蝴蝶刀具公司设计生产的潜水折刀，采用顶级的 X15TN 钢材制作。这种钢材是法国研制用来制造核潜艇外壳的材料，后来发现这种钢材制作的刀具同样具有极其优异的耐腐蚀性和韧性，可以抵抗最恶劣的环境，但是由于成本较高，故一般只有少数品牌的刀具采用这种钢材。

美国蜘蛛C08S鹰爪折刀

蜘蛛 C08S 鹰爪折刀是美国蜘蛛刀具公司设计生产的折刀，绰号“哈耳庇厄”（Harpy）。该刀的刀刃为弧形，外形很像鹰爪。这种弯曲的弧形刃来自于专业海钓人员所使用的刀具，他们经常使用弧形刀刃来割断网绳、钓鱼线等。该刀的刀柄也是弧形，加上背锁（Lockback）式的锁定，使用起来非常稳定安全，不易滑手。

小档案	
质　量：	104克
全　长：	165毫米
刃　长：	70毫米
刃　厚：	3毫米
刃　宽：	23毫米

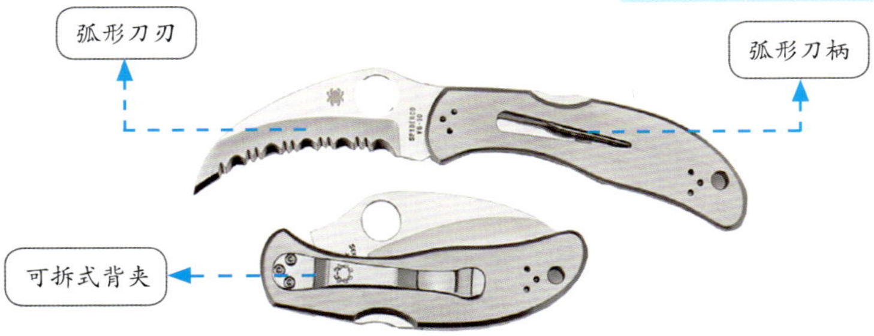

美国蜘蛛C11FPGY全刃折刀

小档案	
质量：	66克
全长：	180毫米
刃长：	73毫米
刃厚：	2.5毫米
刃宽：	29毫米

蜘蛛 C11FPGY 全刃折刀是美国蜘蛛刀具公司设计生产的全刃折刀，是该公司经典产品“耐久”（Endura）折刀的全新改进款。蜘蛛 C11FPGY 全刃折刀使用 VG10 钢材制作刀刃，并采用平磨手法打磨，使刀刃更薄，可进行细致的切割操作。刀身有直径 1.3 厘米的拇指孔。该刀装有可拆式双向背夹，可用螺丝刀拆卸。该刀使用起来非常方便，左右手都可开启。

美国蜘蛛C11FPBL全刃折刀

小档案	
质 量：	66克
全 长：	180毫米
刃 长：	74毫米
刃 厚：	2.5毫米
刃 宽：	29毫米

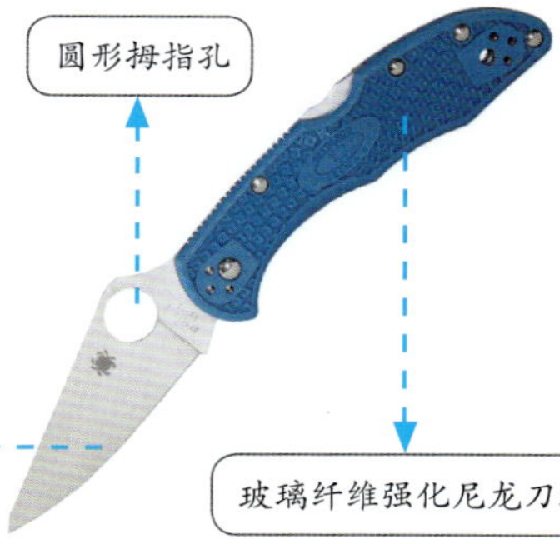

蜘蛛C11FPBL全刃折刀是美国蜘蛛刀具公司设计生产的全刃折刀，是该公司经典产品“精致”（Delica）折刀的全新改进款。该刀刀柄使用质轻耐用的玻璃纤维强化尼龙制作，表面有凹凸纹路，使用时可握得更稳。刀柄侧边的背夹可用硬币松开，并且依使用习惯移到另一面装上。

美国蜘蛛C11PGYW全刃折刀

小档案	
质 量：	72克
全 长：	174毫米
刃 长：	72毫米
刃 厚：	2.3毫米
刃 宽：	28毫米

蜘蛛C11PGYW全刃折刀是美国蜘蛛刀具公司设计生产的全刃折刀，强调体积小、质量轻、易于使用，单手便能开合。该刀使用了美国爱默森刀具公司专利的“波浪”（Wave）设计，在蜘蛛刀具公司招牌的拇指孔上加入了一个钩子。通过这个专利设计，使用者从口袋中拉出折刀时，钩子同时拉扯口袋边而使刀刃展开，完全不需用手指拨动，整个动作一气呵成。

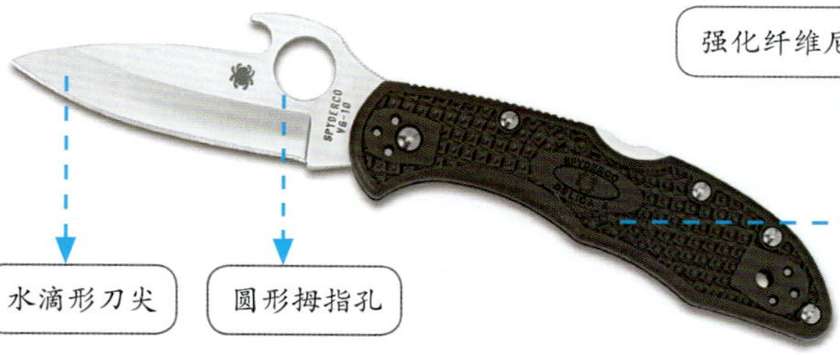

美国蜘蛛C36GPCMOBK全刃折刀

小档案	
质 量：	124克
全 长：	240毫米
刃 长：	102毫米
刃 厚：	3.6毫米
刃 宽：	31毫米

蜘蛛C36GPCMOBK全刃折刀是美国蜘蛛刀具公司设计生产的全刃折刀，已被美国军方采购多年。该刀的刀刃采用CPM-S30V不锈钢制造，可有效防止刀身边缘磨损，防锈性能也较为出色。刀刃上别致的阶梯造型拇指防滑饰钉以及拇指孔，便于单手开启刀刃。握把采用G10材质，表面使用高质感钻石糙面止滑纹路，有效防止刀身滑动。

美国蜘蛛C41GP5战术折刀

小档案	
质量：	103克
全长：	175毫米
刃长：	75毫米
刃厚：	3毫米
刃宽：	30毫米

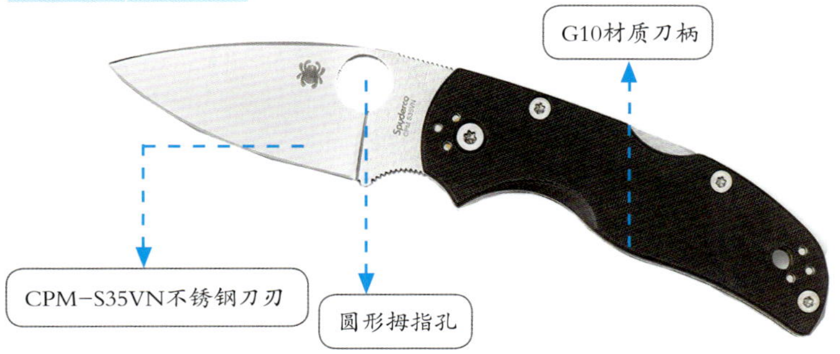

蜘蛛C41GP5战术折刀是美国蜘蛛刀具公司设计生产的战术折刀，在该公司最畅销的款式C41基础上改进而来。新款的刃材升级为CPM-S35VN，增加了韧性和耐磨性，比传统的S30V的性能提高很多。C41GP5战术折刀的手柄采用G10材质，增加了双侧钢衬，整体强度大幅提高。

美国蜘蛛C41PSBK全齿折刀

小档案	
质量：	70克
全长：	178毫米
刃长：	79毫米
刃厚：	3毫米
刃宽：	28毫米

蜘蛛C41PSBK全齿折刀是美国蜘蛛刀具公司设计生产的全齿折刀，绰号“土著”（Native），是该公司评价极高的产品之一。该刀从刀尖到刀柄尾端呈一弯弧线，刀刃的尾端至前端由厚实渐渐缩至尖锐，能让使用者能更有效率地进行穿刺动作。刀柄表面的蜘蛛网纹路，除了具有防滑作用，也成为蜘蛛刀具公司的象征。

美国蜘蛛C88PBK全刃折刀

小档案	
质量：	55.5克
全长：	178毫米
刃长：	78毫米
刃厚：	2.5毫米
刃宽：	28毫米

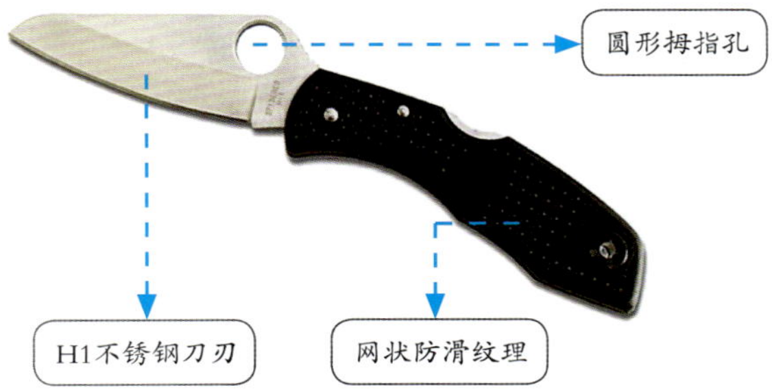

蜘蛛C88PBK全刃折刀是美国蜘蛛刀具公司设计生产的全刃折刀，绰号“萨尔特”（Salt）。该刀使用H1不锈钢制造，以凹磨手法进行开刃，锋利的刃部让它可以迅速对绳索进行切割，遭遇突发情况时可以快速清除障碍为逃生赢得时间。羊蹄刀尖提高了该刀的使用安全性，并开出经典的圆形拇指孔，方便开启刀身，也可以执行折铁丝类的小任务。

美国蜘蛛C89SYL潜水刀

小档案	
质 量：	76克
全 长：	210毫米
刃 长：	92毫米
刃 厚：	3毫米
刃 宽：	31毫米

蜘蛛C89SYL潜水刀是美国蜘蛛刀具公司设计生产的潜水折刀，采用日本工业所研发的H1不锈钢制造。不同于一般含碳的钢材，H1不锈钢的含碳量极低，以氮代替了大部分的碳元素，因此不容易生锈，同时保有绝佳的硬度。在有水甚至是海水包围的环境下，蜘蛛C89SYL潜水刀也能正常使用，并且具备出色的切割性能。

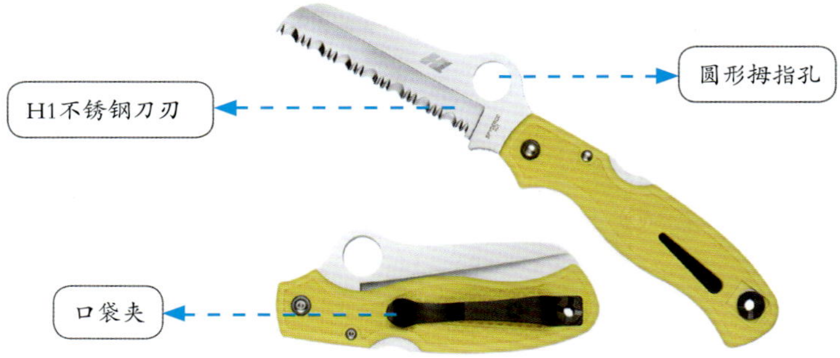

美国蜘蛛C131CFP战术折刀

小档案	
质 量：	71克
全 长：	176毫米
刃 长：	75毫米
刃 厚：	2.5毫米
刃 宽：	26毫米

蜘蛛C131CFP战术折刀是美国蜘蛛刀具公司设计生产的战术折刀，由鲍伯·特左拉（Bob Tezuola）设计。鲍伯·特左拉是手工制刀的大师，擅长制作战术刀具。这种折刀采用他设计的两颗定位珠来固定刀刃，严格来说是不带锁定的，因此符合世界大多数国家包括英国和德国等国对刀具的一些要求。

美国冷钢11HMS全齿折刀

小档案	
质 量：	68克
全 长：	173毫米
刃 长：	73毫米
刃 厚：	2.8毫米
刃 宽：	26毫米

冷钢11HMS全齿折刀是美国冷钢刀具公司设计生产的全齿折刀。该刀刀刃为短剑形设计，具有宽大的刀腹，最重要的是刀尖非常锋利，无论用于穿刺还是切割都游刃有余，即便是坚韧的纤维织物，都能有效地割断。该刀的刀柄选用质地较粗的G10材质，无论正握、反握都相当稳定。手部若有潮湿、油污或砂石沾染，也不必担心滑手。

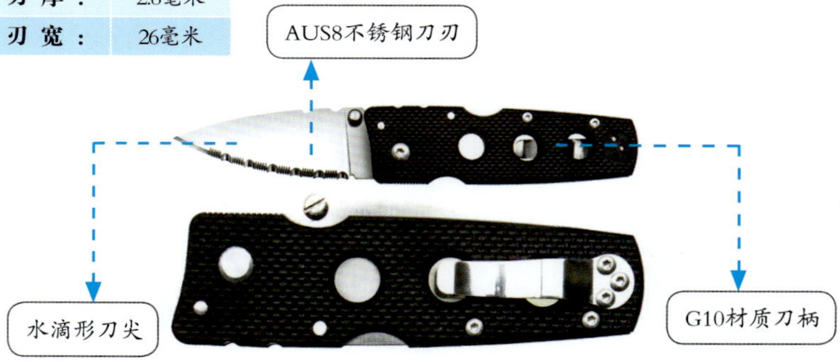

美国冷钢24P对开折刀

小档案	
质量：	158克
全长：	246毫米
刃长：	108毫米
刃厚：	3毫米
刃宽：	23毫米

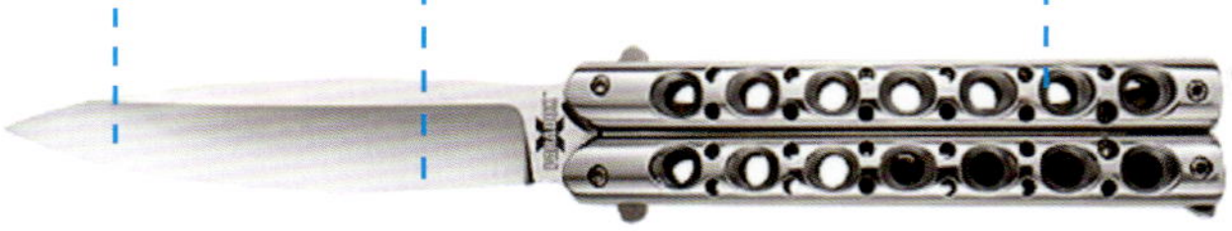

冷钢 24P 对开折刀是美国冷钢刀具公司设计生产的对开折刀。一般来说，折刀最怕携带时意外展开，而配备刀鞘的直刀也难免会滑出，从而伤害使用者，冷钢 24P 对开折刀完全克服了这些缺点。该刀不仅耐蚀耐磨，而且还具有绝缘性，其耐用度与稳定度都不同于一般折刀。

美国冷钢26SP战术折刀

冷钢 26SP 战术折刀是美国冷钢刀具公司设计生产的战术折刀。它拥有细长对称的刃形，前端是穿刺力极强的刀尖，而且不失坚硬度。鲨鱼背鳍式的凸起及刀刃上的拨钮结构，可以快速地开关操作。刀刃衔铁上设有护手，使用者在将刀具掏出口袋时，护手会抓住口袋，使刀刃打开。

小档案	
质量：	112克
全长：	225毫米
刃长：	120毫米
刃厚：	3毫米
刃宽：	17毫米

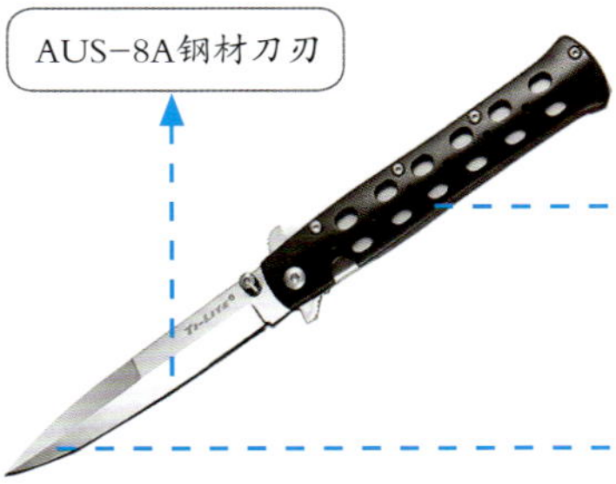

美国冷钢27TXLT全刃折刀

小档案	
质量：	235克
全长：	306毫米
刃长：	135毫米
刃厚：	3.6毫米
刃宽：	37毫米

冷钢 27TXLT 全刃折刀是美国冷钢刀具公司设计生产的大型全刃折刀，绰号“侦察兵”，该刀经真空热处理和低温淬火后，平磨刃部和几何头刀尖设计让刀具无论是进行劈砍切削或是穿刺动作都极具威力。为了配合作战任务，该刀刀柄拥有坚硬的黑色 Tuff-Ex 涂层，有助于提高防锈能力，减少摩擦力，并且消除眩光和光线反射。由于这些优点，冷钢 27TXLT 全刃折刀在军队、执法机构和民间均深受欢迎。

美国冷钢29TXT全刃折刀

小档案	
质 量：	229克
全 长：	306毫米
刃 长：	135毫米
刃 厚：	3.8毫米
刃 宽：	31毫米

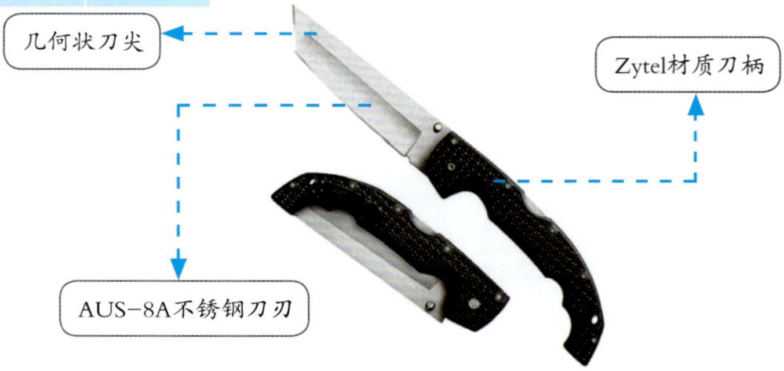

冷钢29TXT全刃折刀是美国冷钢刀具公司设计生产的全刃折刀。该刀采用AUS-8A为刀身钢材，并将Zytel作为刀柄材质，搭配背锁式锁定，使得刀具更为坚固耐用。除了轻巧、防滑的特性之外，该刀刀刃也进行了特别处理，冷钢刀具公司加重了刀刃碳的含量，所以其保持锐利的时间比一般折刀更久。

美国冷钢62NGL格斗折刀

冷钢62NGL格斗折刀是美国冷钢刀具公司设计生产的大型格斗折刀。该刀刀身使用AUS-8A不锈钢制造，硬度可达60HRC。刀柄为G10材质，有防滑纹路，可有效提高握持刀具的稳定性。除此之外，冷钢62NGL格斗折刀还采用了冷钢刀具公司专利的Tri-Ad锁定，安全性大大提升。

小档案	
质 量：	245克
全 长：	315毫米
刃 长：	137毫米
刃 厚：	4毫米
刃 宽：	39毫米

美国哨格PE14战术折刀

小档案	
质 量：	150克
全 长：	218毫米
刃 长：	99毫米
刃 厚：	4毫米
刃 宽：	25毫米

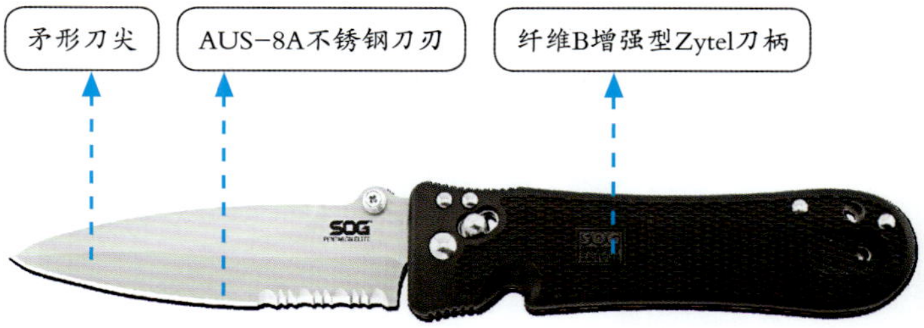

哨格PE14战术折刀是美国哨格公司设计生产的战术折刀，刀刃表面经过削光处理，适合一般军警在执行任务时使用。这种折刀有精心设计的十字螺旋拇指推，使用者可轻松开启刀刃。刀柄上的圆弧无纹拇指孔，使得刀具在使用时刀刃不会突然收起，往下一压又能快速收起刀刃，相当便利。

美国哨格SV68战术折刀

小 档 案

质　量	：	155.4克
全　长	：	210毫米
刃　长	：	94毫米
刃　厚	：	3毫米
刃　宽	：	31毫米

哨格 SV68 战术折刀是美国哨格公司设计生产的战术折刀，绰号“幻象”（Vision）。这种折刀的用途十分广泛，刀刃部分采用 VG10 不锈钢制造而成，硬度达 60HRC，具有强大的穿透力。手柄部分采用防腐蚀钛金属设计，轻巧而舒适。由于手柄质量比刀刃轻，所以在进行穿刺动作时，更容易发挥出折刀的力量。

▲ **哨格 SV68 战术折刀背面特写**

▲ **哨格 SV68 战术折刀刀刃特写**

美国哨格FC01战术折刀

小档案

质 量：	231克
全 长：	256毫米
刃 长：	113毫米
刃 厚：	4毫米
刃 宽：	37毫米

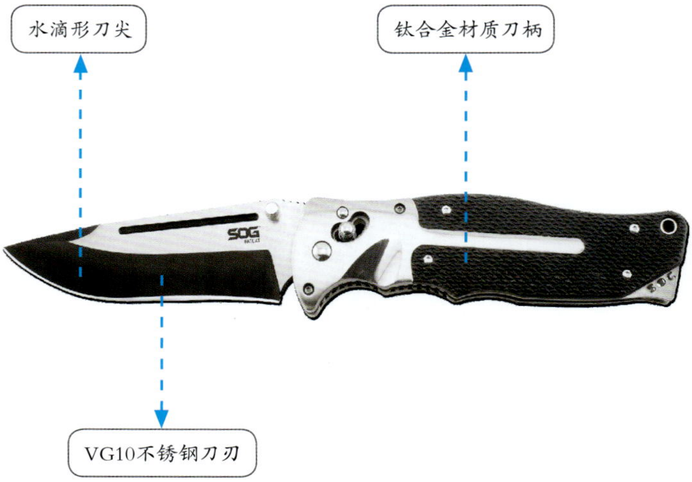

哨格 FC01 战术折刀是美国哨格公司设计生产的战术折刀，绰号“肥猫”（Fatcat）。该刀使用 VG10 不锈钢制作，刀刃有双色镀膜，视觉上相当抢眼，硬度可达 62HRC。该刀拥有哨格公司专利的 Arc-Lock 锁定，整个刀柄都使用钛合金制造，使得质量大大减轻。

美国哨格TWI-22快开折刀

小档案

质 量：	125克
全 长：	188毫米
刃 长：	82毫米
刃 厚：	2.6毫米
刃 宽：	23毫米

哨格 TWI-22 快开折刀是美国哨格公司设计生产的快开折刀。该刀拥有半自动弹出设计，由哨格公司的老板斯宾塞·弗雷泽（Spencer Frazer）发明，只要轻轻一压刀背上齿状凸出部位，刀刃就会迅速弹开。另外，该刀还有一个特殊设计，就是当刀刃展开后，拇指下压，食指抵扣，形成双向止滑，使用的时候更安全。

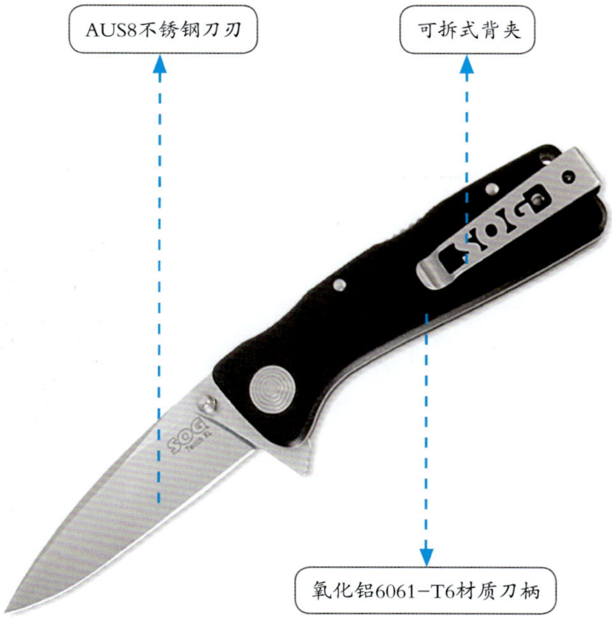

美国哨格TF-3快开折刀

小档案

质　量	：	127.6克
全　长	：	215毫米
刃　长	：	93毫米
刃　厚	：	3毫米
刃　宽	：	29毫米

哨格TF-3快开折刀是美国哨格公司设计生产的快开半齿折刀。该刀采用半自动设计，获得专利的刀柄设计“凹槽”（Groove）可用于切鱼线、绳索，且不需要打开刀刃。该刀的刀柄为强化塑料材质，附有可拆背夹，使用者可以根据自身需要灵活更换。

美国哨格VL04平头折刀

小档案

质　量	：	130克
全　长	：	185毫米
刃　长	：	80毫米
刃　厚	：	3毫米
刃　宽	：	24毫米

哨格VL04平头折刀是美国哨格公司设计生产的平头折刀，绰号“火神”（Vulcan），这个名称来源于美国军队装备的M61“火神”机关炮。这是一种通常装载在战斗机、直升机上的高射速近距离火炮系统，由此可看出设计者对于这种刀具的定位与期待。该刀装有哨格公司专利的Arc-Lock锁定，展开和折叠刀刃都迅速利落。

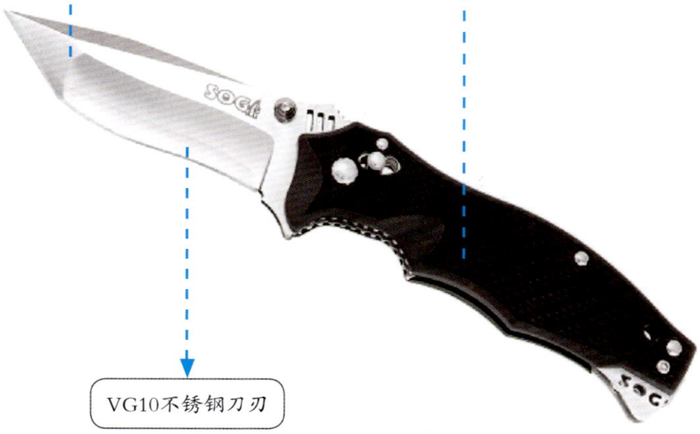

美国挺进者SNG战术折刀

小档案	
质 量：	126克
全 长：	208毫米
刃 长：	90毫米
刃 厚：	4毫米
刃 宽：	31毫米

挺进者SNG战术折刀是美国挺进者刀具公司设计生产的战术折刀。刀身以CPM S30V不锈钢锻造，采用先进的热处理工艺，拥有惊人的耐磨性和刀锋保持性。刀身表面施以哑光虎斑纹防锈涂层，完美消除刀身反光并进一步提高了防刮擦能力。该刀采用低阻力式的精细平磨开刃手法，刃部非常锋利，有如剃刀般的刀刃可以执行精细的切削任务。

美国挺进者SMF战术折刀

挺进者SMF战术折刀是美国挺进者刀具公司设计生产的大号战术折刀，拥有挺进者直刀的所有功能并能很好地随身携带。该刀的矛形刀身和针尖式刀尖使其拥有良好的穿刺力，刀身表面采用石洗工艺处理，有效消除可能产生的眩光，并更加抗锈防划。刀身近背侧的开刀孔和双头拇指螺柱让使用者可以用拇指平稳地开刀，刀背上拥有波状纹的凹槽让使用者可以更精确地操作刀具。

小档案	
质 量：	182克
全 长：	228毫米
刃 长：	99毫米
刃 厚：	5毫米
刃 宽：	34毫米

美国挺进者MSC-SMF Mick战术折刀

小档案	
质量：	190克
全长：	230毫米
刃长：	78毫米
刃厚：	4.8毫米
刃宽：	34毫米

挺进者MSC-SMF Mick战术折刀是美国挺进者刀具公司设计生产的战术折刀，是一款合理耐用、容易保养的野外武器。该刀刀身表面采用挺进者刀具公司极具代表性的战术涂层处理，拥有消除眩光和保护刀身的效果。刀身近背侧的开刀孔和双头拇指螺柱让使用者可以用拇指平稳开刀，刀背上拥有波状纹的凹槽让使用者可以更精确地操作刀具。

美国零误差0750平刃爪刀

小档案	
质 量：	146克
全 长：	185毫米
刃 长：	76毫米
刃 厚：	3毫米
刃 宽：	24毫米

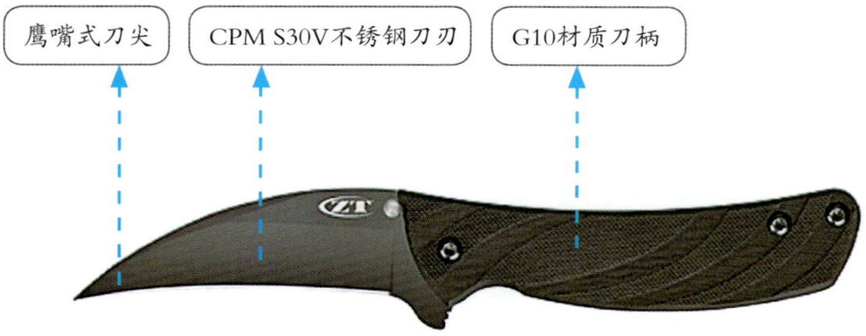

零误差 0750 平刃爪刀是由美国零误差（Zero Tolerance，简称 ZT）刀具公司设计生产的辅助快开型平刃爪刀，已被美国多支特种部队采用。该刀有“快速安全”（Speed Safe）辅助快开系统，通过拨动刀鳍或是双侧推刀柱都能快速打开刀具。该刀的弯曲形爪刀形状是进行切削的理想选择。这种刃型适合切割绳、线、织带甚至灌木丛之类的东西，弯曲的形状有助于确保切割时刀片不会打滑。

美国零误差0200ST战术折刀

小档案	
质量：	225克
全长：	223毫米
刃长：	100毫米
刃厚：	4毫米
刃宽：	33毫米

零误差 0200ST 战术折刀是由美国零误差刀具公司设计生产的半齿战术折刀，由刀匠肯恩·昂立恩（Ken Onlion）设计。该刀刀刃使用 154CM 不锈钢制造，并进行碳化钨涂层处理。这种涂层具有高耐磨性，大幅度地增加刀刃的耐用度与切割能力。刀柄为厚实的 G10 材质，并以机器 3D 刻纹，强度和防滑性较为出色。该刀的刀柄可系短绳，还提供一个背夹，方便携带。

美国哥伦比亚河M16-14半齿折刀

小档案	
质 量：	112克
全 长：	185毫米
刃 长：	78毫米
刃 厚：	3毫米
刃 宽：	23毫米

哥伦比亚河 M16-14 半齿折刀是美国哥伦比亚河刀具公司设计生产的半齿折刀，由知名刀匠基特·卡森（Kit Carson）设计。该刀刀柄上有很多洞，除了减轻质量外，更有止滑及在水中使用后让水快速流出的好处。该刀的锁定装置很有特色，在刀刃打开时会形成单护手的形式，以防在突刺时伤及使用者的手部；刀刃未开启时则在握把背部形成一个凸柱，可以用食指开启刀刃。

美国黑鹰15G211全刃折刀

小档案	
质 量：	210克
全 长：	185毫米
刃 长：	75毫米
刃 厚：	3毫米
刃 宽：	22毫米

黑鹰15G211全刃折刀是由美国黑鹰公司设计生产的一款战术全刃折刀，虽然没有特别突出的特点，但仍凭借均衡的性能成为军警用户喜爱的单兵作战武器之一。该刀的外形符合人体工程学，刀刃的开启和关闭非常方便。该刀的切削能力也很强，适合切割和劈砍。

美国爱默森Super Karambit SF爪刀

小档案	
质量：	187克
全长：	173毫米
刃长：	61毫米
刃厚：	3.1毫米
刃宽：	30.7毫米

爱默森Super Karambit SF爪刀是由美国爱默森刀具公司设计生产的一款爪刀，主要用作近身搏斗，是目前世界上公认的最出色的单兵作战武器之一。该刀由爱默森刀具公司创始人爱默森·欧内斯特亲手设计，一推出就受到特战队员的追捧。爱默森Super Karambit SF的刀柄设计符合人体工程学，适合正向、反向握持和使用。刀背末端拥有波形快开机制，在紧急或是受伤情况下，从口袋抽出刀的同时，可迅速开启刀刃。

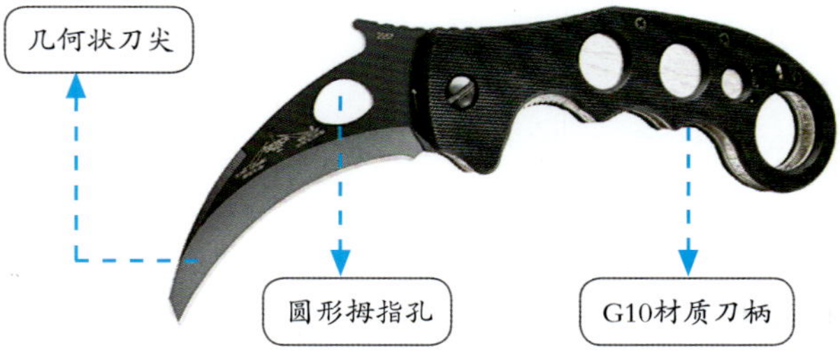

美国斯巴达SF1BKDEGB战术折刀

小档案	
质 量：	140克
全 长：	213毫米
刃 长：	88毫米
刃 厚：	3毫米
刃 宽：	27毫米

斯巴达SF1BKDEGB战术折刀是美国斯巴达公司设计生产的战术折刀，绰号“雅科贝思”（Akribis），在希腊语中有锋利、精准之意。该刀是一款成熟的现代折叠刀具，无论从外形、功能性还是工艺技术上都非常出色。改进型的尖锐水滴头刀身和平磨刃部让刀具无论是进行切削任务或穿刺动作都非常适合。

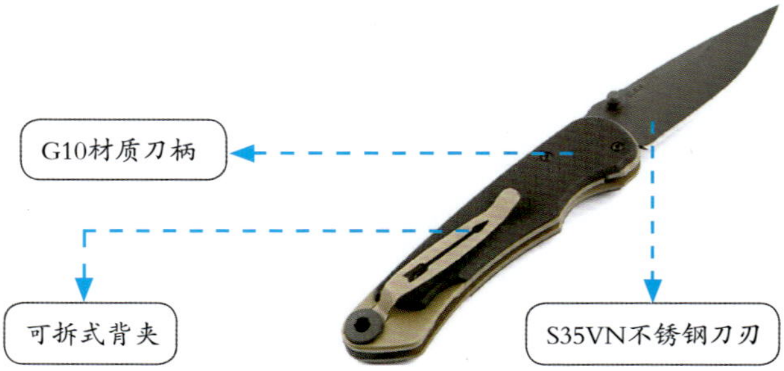

美国螳螂B4多功能折叠刀

小档案	
质量：	160克
全长：	124毫米
刃长：	29毫米
刃厚：	1.8毫米
刃宽：	16.5毫米

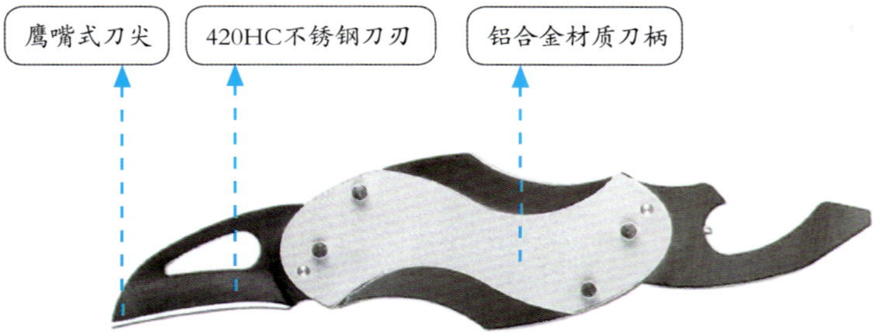

螳螂 B4 多功能折叠刀是由美国螳螂刀具公司设计生产的一款多功能折叠刀，绰号“秃鹰”（Buzzard）。该刀小巧的尺寸让使用者携带十分方便，而足够的功能性又能满足野外环境的使用要求。该刀的刀身采用 420HC 不锈钢制造，高弯曲度的鹰嘴式锋利刀片拥有出色性能，刀柄部分拥有不锈钢内衬锁定，方便安全。

美国狙击手 LPC Custom 战术折刀

狙击手 LPC Custom 战术折刀是由美国狙击手刀具公司设计生产的一款战术折刀。该刀拥有奇特的几何形状，可以提供理想的推力和咬合能力。该刀有一个水滴风格刀片，S30V 不锈钢锻造的刀身有出色的切削和保持性能。刀身宽厚，既能对刃部提供有效支持，又便于用户完成防御和格挡动作。

小档案	
质量：	172克
全长：	224毫米
刃长：	83毫米
刃厚：	4.9毫米
刃宽：	39.7毫米

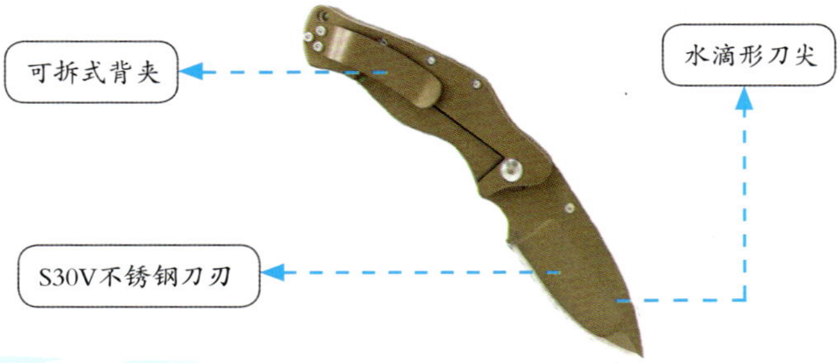

美国超技术 PROTECH TR-1.2 战术折刀

小档案	
质量：	175克
全长：	191毫米
刃长：	78毫米
刃厚：	3毫米
刃宽：	23.2毫米

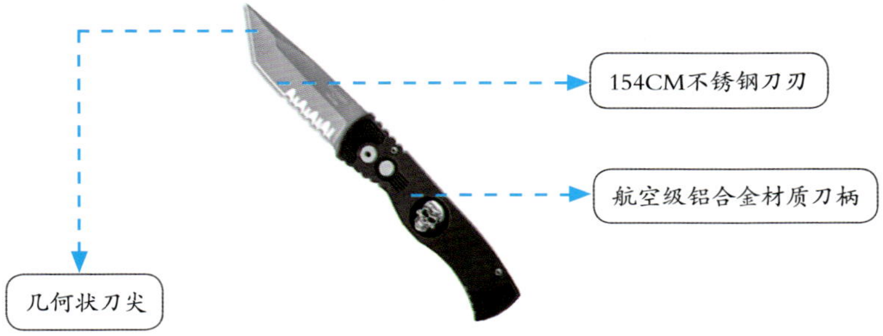

超技术 PROTECH TR-1.2 战术折刀是由美国超技术刀具公司设计生产的一款战术折刀，刀身表面采用喷砂手法处理，并印刻超技术标识和钢材标号。多研磨面和强壮尖锐的几何刀尖可以轻松破开目标的防护，刀具前端的平刃部分拥有出色的切削能力，后半部齿刃则能进行繁重的切割工作。

美国马国森 SERE 2000折叠刀

小 档 案

质 量	：	150克
全 长	：	178毫米
刃 长	：	70毫米
刃 厚	：	3毫米
刃 宽	：	21毫米

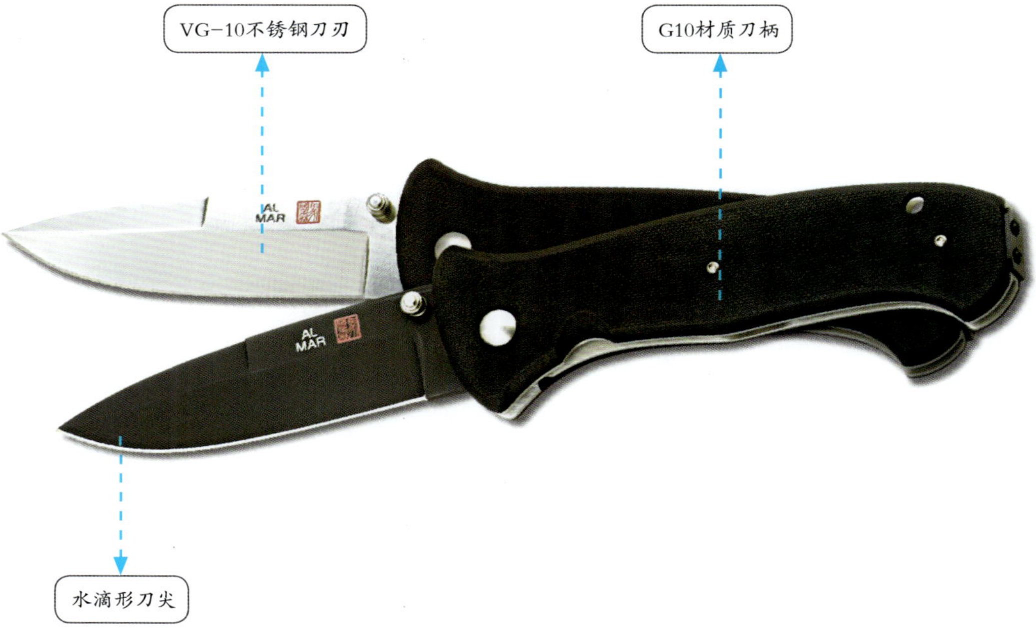

马国森 SERE 2000 折叠刀是由美国马国森刀具公司设计生产的一款折叠刀，曾在多支特种部队中服役，包括美国“绿色贝雷帽”特种部队。该刀拥有流动性设计和柱状结构的双头螺柱，使用时也更加舒适，表面纹理图案的手柄和坚韧的衬垫锁结构让刀具使用更为舒适、放心。

▲ SERE 2000 折叠刀展开与折叠状态对比

▲ 黑色涂装的 SERE 2000 折叠刀

趣味小知识

刀具名称 SERE 是英语 Survival（生存）、Escape（闪避）、Resistance（抵抗）和 Evasion（逃生）首字母的缩写。

美国 DPx DPHSF007 折刀

小 档 案	
质 量：	143克
全 长：	196毫米
刃 长：	76毫米
刃 厚：	4.8毫米
刃 宽：	30毫米

DPx DPHSF007 折刀是由美国 DPx（Dangerous Places Extreme，意为：极端危险的地方）刀具公司生产的一款折刀，专门为残酷条件下使用而设计。该刀刀身表面经过石洗工艺处理，从而消除刀身表面眩光并使得刀具更加防锈、耐划。水滴形刀尖和平磨刃部让刀具拥有出色的切削和穿刺力，无论是进行战术应用或是野外求生都非常出色。

英国Cardsharp(R)卡片刀

小 档 案	
质 量：	13克
全 长：	85.6毫米
刃 长：	65毫米
刃 厚：	2.2毫米
刃 宽：	55毫米

Cardsharp(R) 卡片刀是英国研制的一种小型刀具，刀片长而薄，非常锋利。该刀适合在野营和探险时使用，是一种必备的户外用品。该刀有一个内置的安全护套，不能与刀片分开。这种安全护套也有助于防止钝化。刀在打开时，设计巧妙的保护刀柄，有助于防止使用者的手滑落到刀片上。

德国索林根LL80伞兵刀

小 档 案	
质 量：	163克
全 长：	220毫米
刃 长：	82毫米
刃 厚：	3毫米
刃 宽：	19毫米

LL80 伞兵刀是由德国索林根刀具公司生产的重力甩刀，目前是德国伞兵的制式装备。该刀设计精良，主刀靠重力原理甩出，以实现最快速度出刀，完全符合空降部队的使用要求。虽然 LL80 原本是为伞兵设计，但也广泛使用于特种部队、装甲兵及空军飞行员。该刀最大的特色便是依据万有引力设计，也就是说，如果刀刃锁打开，刀鞘较重会下滑，刀刃便露出，呈现刃上鞘下的倒置状态。

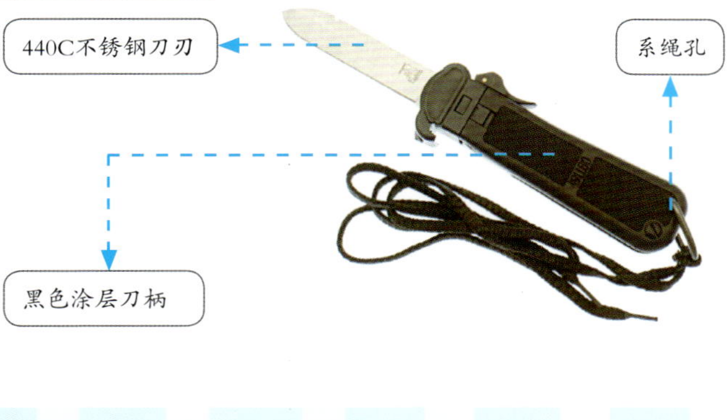

意大利钢狮SR-1A GB 战术折刀

小档案

质　量：	106.5克
全　长：	213毫米
刃　长：	87毫米
刃　厚：	4.6毫米
刃　宽：	35毫米

钢狮 SR-1A GB 战术折刀是由意大利钢狮刀具公司设计生产的一款战术折刀。该刀拥有独特的RotoBlock框架锁，这种结构可让刀具结构在绕轴旋转按钮和锁杆稳定装置间进行切换，锁杆稳定装置可让这把折刀从根本上转变为一把直刀，只需要轻轻拨动柄身旋钮便能进行切换。该刀曾在 2010 年亚特兰大刀展上获得“最具创新性的进口设计”奖项。

▲ 钢狮 SR-1A GB 战术折刀的半折叠状态

▲ 钢狮 SR-1A GB 战术折刀的不同状态

意大利极端武力T.F.RES救援折刀

小档案

质 量：	126克
全 长：	285毫米
刃 长：	90毫米
刃 厚：	3毫米
刃 宽：	21毫米

极端武力T.F.RES救援折刀是由意大利极端武力刀具公司设计生产的多功能救援折刀，主要用于野外求生和救援。与一般刀具不同的是，该刀的击破器在刀柄前端，尼龙手柄具有不导热性，而其上的镂空设计既能防止手部出汗打滑，也能增加摩擦力令刀具便于把握，尤其方便在恶劣气候下使用。

意大利极端武力RAO AVIO生存刀

小档案

质 量：	335克
全 长：	260毫米
刃 长：	118毫米
刃 厚：	6毫米
刃 宽：	44毫米

极端武力RAO AVIO生存刀是由意大利极端武力刀具公司设计生产的生存刀，主要供意大利空降特种兵团使用。该刀有一个非常安全的锁定系统，可以将刀刃打开和闭合状态的危险降到最低。除锁定系统外，该刀的套装刀具还有一个额外的安全装置，可进一步提高安全性能。该刀配有战术尼龙多功能刀鞘，既可放置在口袋里，也可悬挂在战术背心上。

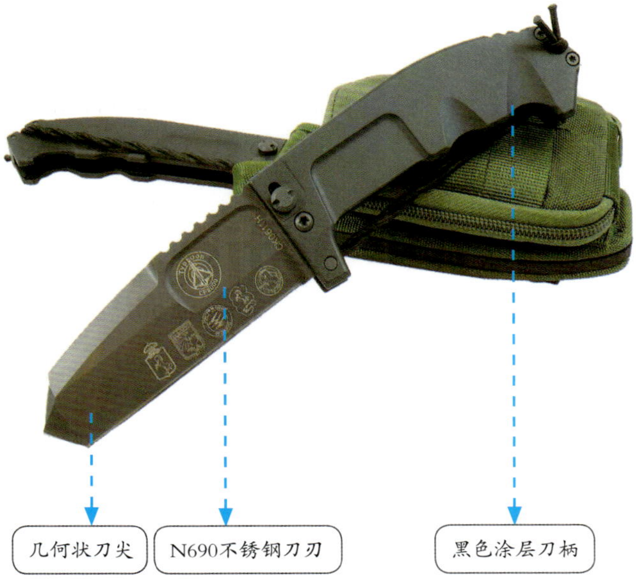

意大利极端武力BF1TT小型折刀

小 档 案

质 量：	85克
全 长：	167毫米
刃 长：	70毫米
刃 厚：	3毫米
刃 宽：	23毫米

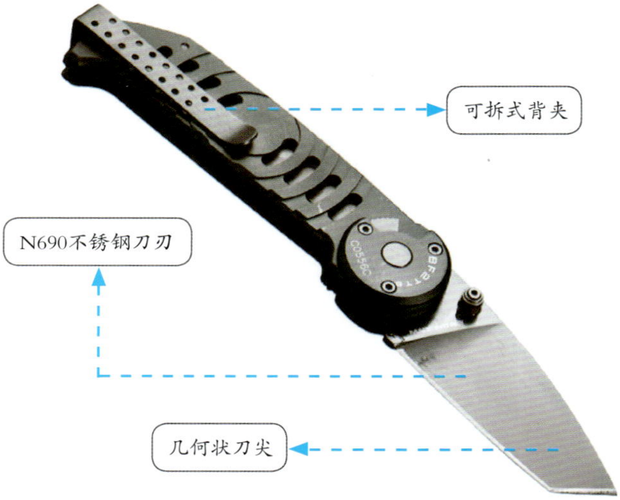

极端武力BF1TT小型折刀是由意大利极端武力刀具公司设计生产的小型折刀。该刀的刃型有Tanto（战术几何型）与Drop（雨滴型）两种。刀柄也有两种，分别是经典型（Classic）与战略型（Tactical）。经典型的刀柄下半部较为平坦，可作为挑、撬的工具；战略型的刀柄有同心圆镂空，把手轻巧且具高握力。

捷克斯洛伐克/捷克麦克罗241-NH1/KP折刀

小 档 案

质 量：	101克
全 长：	215毫米
刃 长：	82毫米
刃 厚：	2毫米
刃 宽：	23毫米

麦克罗241-NH1/KP折刀是由麦克罗刀具公司设计生产的一款侧开折刀，自1989年推出后便大受欢迎。该刀刀形简洁流畅，有着良好的韧性和超强的防锈能力，可系于腰间或放入口袋，使用非常便捷。刀刃选择强度适中的440A不锈钢，在刀柄前端的镂空处可看见不锈钢的压片式安全卡榫设计，借由大拇指往下按压，再将刀身顺势推入，刀身便能收回。

瑞士维氏“瑞士冠军”军刀

小档案

质　量：	185克
全　长：	91毫米
总厚度：	33毫米
总宽度：	26毫米

“瑞士冠军”（Swiss Champ）是瑞士军刀中最著名的型号，应用范围极广。瑞士军刀又被称为“万用刀”，是一种刀身含有许多工具的折叠小刀，由于瑞士军方为士兵配备这类工具刀而得名。“瑞士冠军”军刀由64个独立零件组成，生产工序多达450多道，共计有80种功能。由于功能全面、设计精巧，因此一刀在手，使用者就仿佛拥有了一个小型的万能工具箱。

趣味小知识

“瑞士冠军”军刀的生产商维氏公司（Victorinox）是瑞士军刀的主要制造商之一，其创始人为查尔斯·埃尔森纳（Charles Elsener）。

瑞士维氏“工匠”军刀

小档案

质　量：	120克
全　长：	91毫米
总厚度：	27毫米
总宽度：	26毫米

“工匠”（Handyman）军刀是瑞士维氏公司生产的另一种瑞士军刀，其配备的钳子不仅可以剪铁线、弯铁皮、拧螺帽，还能用来拉琴弦、弯鱼钩等，再配合木锯、钢锯等趁手的工具，不仅能解决日常生活中的不时之需，还能用来完成一定强度的专业工作。美国宇航员在太空工作期间也选择“工匠”军刀作为随身工具。

瑞士威戈“巨人”军刀

小档案

质　量：	1200克
全　长：	222毫米
总厚度：	220毫米
总宽度：	260毫米

“巨人”（Giant）军刀是瑞士威戈公司生产的瑞士军刀。该公司也是瑞士军刀的主要生产商之一，现已被维氏公司收购。“巨人”军刀是威戈产品中功能最多的型号，共计有141种功能，它同时也是有记录的尺寸最大的瑞士军刀，重达1200克。“巨人”军刀集成了瑞士军刀以往所有工具，除开常见的刀、剪、起子之类，更加上了诸如雪茄切削刀、自行车链条铆钉安装器、高尔夫球鞋清理钳之类的器具，甚至还有镊子和牙签。

第4章

短直刀类冷兵器入门

短直刀是一种刀柄带环的短刀，也称为环首刀或环柄刀。因其刀刃（刀身部分）不弯翘，所以按形状把这种刀分类为直刀。从西汉到南宋，短直刀一直是作为一种上好的冷兵器而被广泛使用。本章主要介绍二战以来各国设计、制造的经典短直刀，每种短直刀都简明扼要地介绍了其制造背景和用途，并有准确的参数表格。

美国巴克184求生刀

小 档 案

质　量	：	730克
全　长	：	317毫米
刃　长	：	190毫米
刃　厚	：	7毫米
刃　宽	：	38毫米

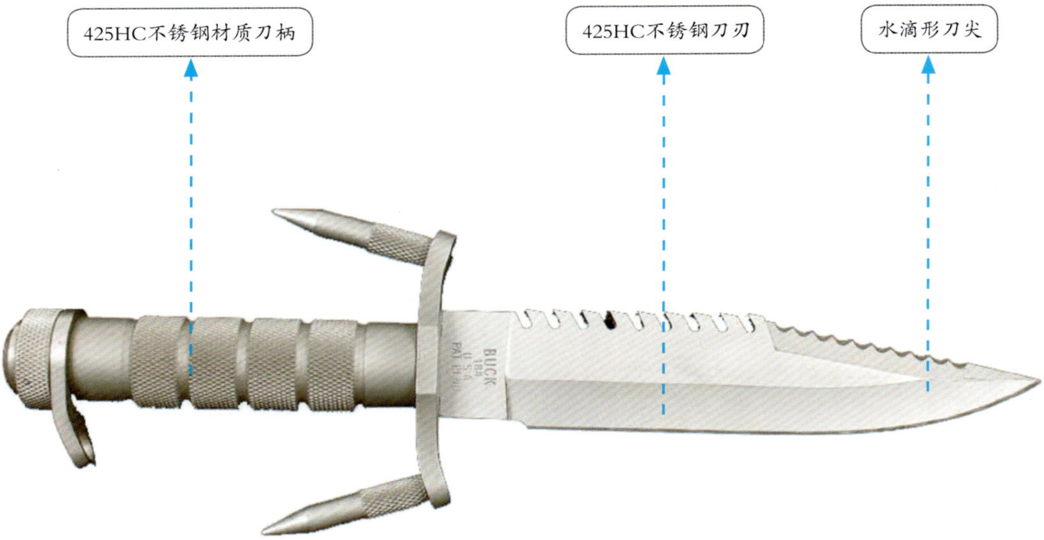

巴克 184 求生刀是美国巴克公司设计的一款求生刀，1984 年开始生产，首批 2600 把提供给美国海军“海豹”突击队使用。这批提供给“海豹”突击队的巴克 184 求生刀在刀刃靠近护手的地方印着“BUCK，184，U.S.A.”的标记。巴克 184 求生刀的护手极具特色，整个护手与刀刃方向垂直，两端略上翘，接近两端的位置各有一个用于安装圆钉的螺孔，为了保证圆钉和护手的连接强度，护手的刃厚超过了 6 毫米。为提高握持舒适性，棱的部分经过细致打磨。

▲ **巴克 184 求生刀及牛皮刀鞘**

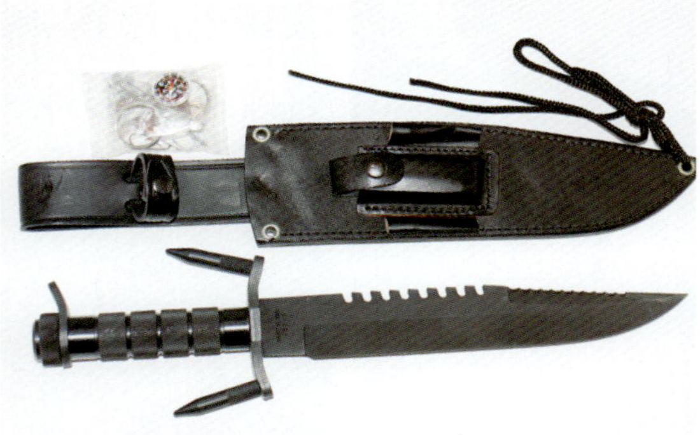

▲ **黑色涂装的巴克 184 求生刀及刀鞘**

美国巴克223BLS-B鱼刀

小档案

质　量	：	125克
全　长	：	282毫米
刃　长	：	166毫米
刃　厚	：	2毫米
刃　宽	：	23毫米

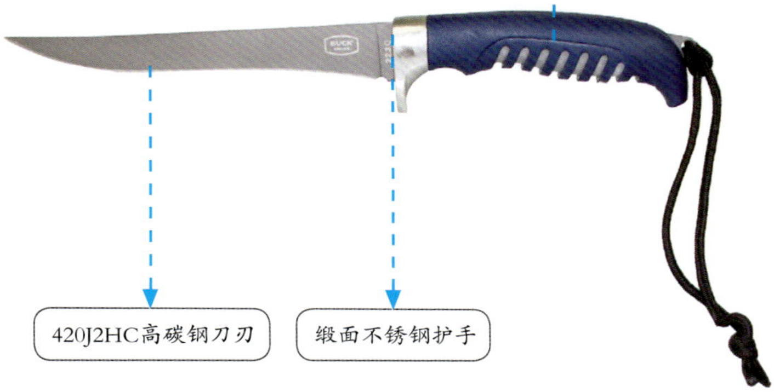

巴克 223BLS-B 鱼刀是美国巴克公司生产的中号鱼刀，刀身采用 420J2HC 高碳钢锻造，硬度可达 58HRC。内弯的切片刀型和平磨刃部让刀具在处理猎物时非常轻松，刀身采用灰色的钛涂层处理。灰色的玻璃纤维增强聚丙烯手柄有着不错的质感，柄上采用蓝色热塑性弹性体（TPE）橡胶覆盖，确保握持舒适性。

美国巴克625BKS-B 战术直刀

小档案

质　量	：	219克
全　长	：	249.2毫米
刃　长	：	129毫米
刃　厚	：	4毫米
刃　宽	：	33.5毫米

巴克 625BKS-B 战术直刀是美国巴克公司生产的战术直刀，采用 420HC 不锈钢制造，硬度可达 58HRC。这种刀采用一体式全龙骨结构的几何设计刀身，有加厚的刀身和更大的手柄，以及黑色不反光保护涂层和高实用性的平刃，刀身涂层外侧印刻有“BUCK”标识。无论是进行切削或是穿刺格斗，该刀都非常顺畅。

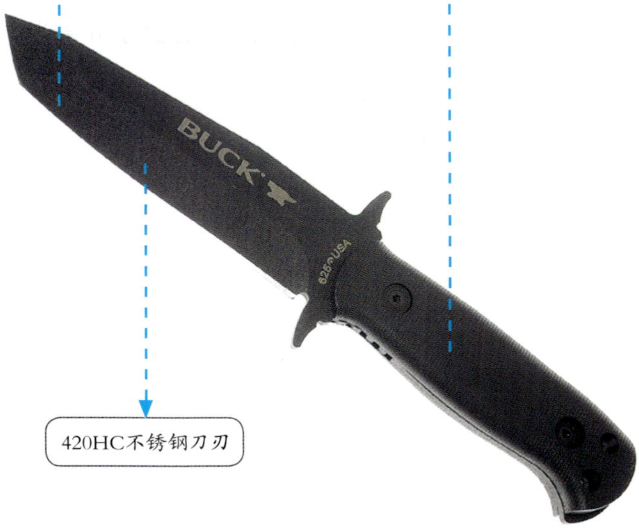

美国巴克690BKSTP-B战术直刀

小档案		
质　量	：	255克
全　长	：	258毫米
刃　长	：	113毫米
刃　厚	：	4.5毫米
刃　宽	：	36毫米

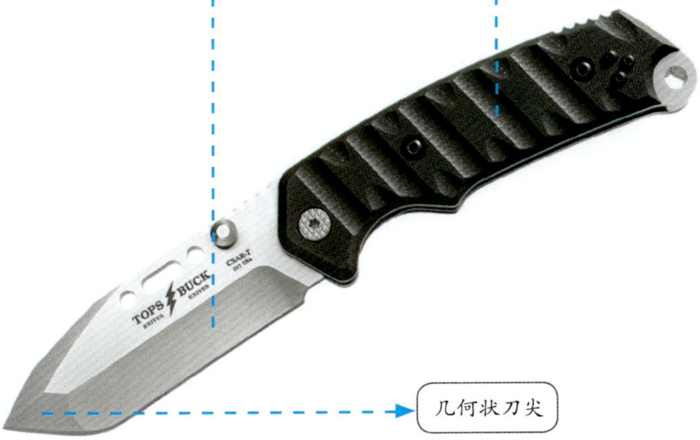

巴克690BKSTP-B战术直刀是美国巴克公司与托普斯公司合作研发的战术直刀，兼具实用性和收藏性。凹磨手法打磨出的精细刃部具有非常完美的切割性能，几何状刀尖结实耐用，并具备非常强劲的穿刺力，符合战术刀硬朗、凶悍的设计理念。该刀表面经过了喷砂处理工艺，提高了防锈和抗刮性能，并完美消除反光，增强了使用隐蔽性。

美国哥伦比亚河2760猎刀

小档案		
质　量	：	142克
全　长	：	200毫米
刃　长	：	92毫米
刃　厚	：	4毫米
刃　宽	：	24毫米

哥伦比亚河2760猎刀是由美国哥伦比亚河刀具公司生产的猎刀。全龙骨设计保证了该刀的整体性能，水滴刀身的锋利度相当不错。刀柄外部采用牛皮裹覆，握持手感较为舒适。该刀的刀鞘也采用牛皮制作，携带和出刀都非常方便、实用。

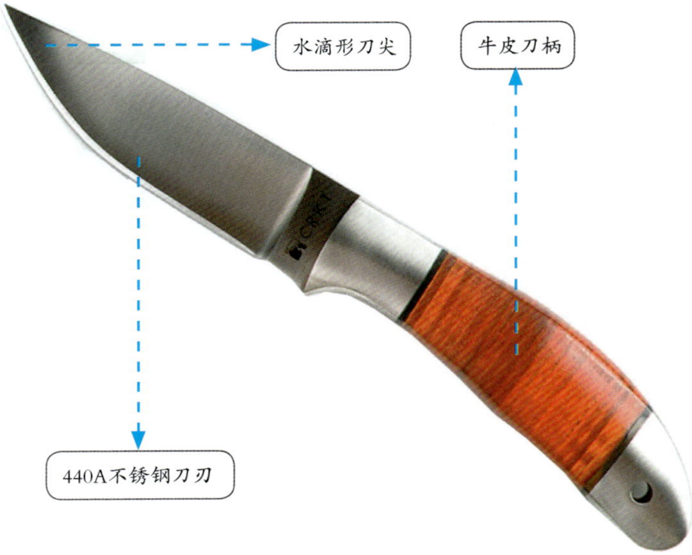

美国哥伦比亚河2907战术直刀

小档案

质　量	：	125克
全　长	：	303毫米
刃　长	：	160毫米
刃　厚	：	5.5毫米
刃　宽	：	23.5毫米

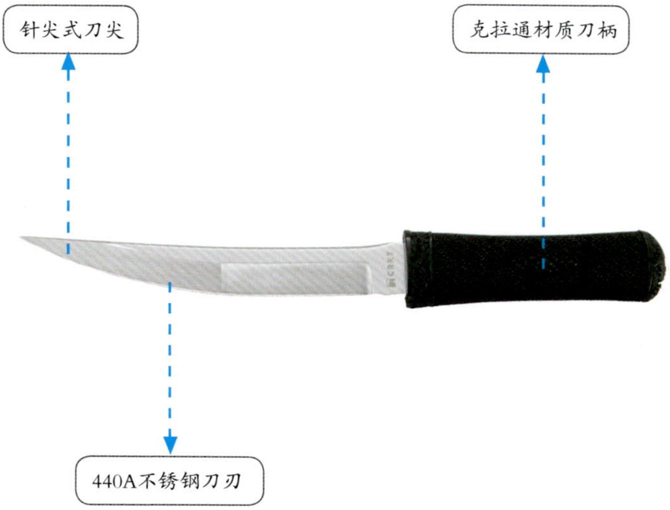

哥伦比亚河2907（CRKT 2907）是由美国哥伦比亚河刀具公司设计生产的一款战术直刀，绰号“必杀”（HISSATSU）。该刀由美国著名刀具设计师詹姆斯·威廉斯设计，其创意来自日本传统短刀。在反恐怖战斗中，CRKT 2907战术直刀经常作为首要或第二种辅助武器来增强攻击能力。该刀具有出色的穿透破坏力，目前被世界各国军警用户广泛采用。

美国哥伦比亚河2017半齿直刀

小档案

质　量	：	270克
全　长	：	293毫米
刃　长	：	170毫米
刃　厚	：	4毫米
刃　宽	：	33毫米

哥伦比亚河2017半齿直刀是由美国哥伦比亚河刀具公司生产的半齿直刀。该刀拥有独一无二的专利握柄，其凸出及沟槽设计，使得水、泥巴和油污可快速排除。该刀的锯齿能显著提高刀的功能性，可轻易切割绳索、软管及皮革，因此可广泛应用于打猎、露营、钓鱼等活动，必要时还可用来迅速切断绳子求生。

美国冷钢11SDS战术直刀

小档案

质　量	：	78.3克
全　长	：	195毫米
刃　长	：	83毫米
刃　厚	：	2.3毫米
刃　宽	：	27毫米

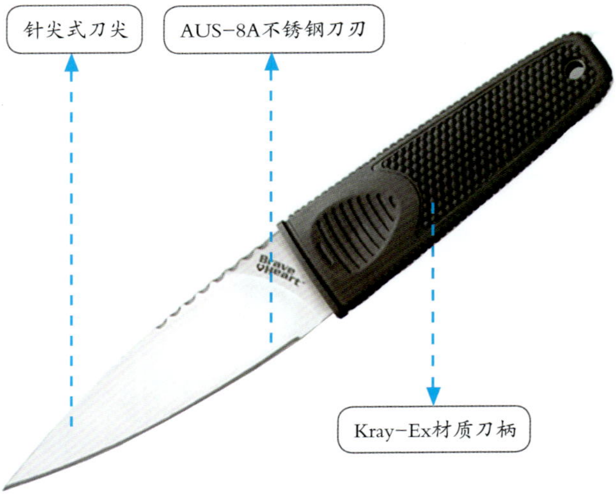

冷钢11SDS战术直刀是由美国冷钢刀具公司总裁林恩·汤普森设计的最新款作品，被称为“勇敢的心”，极具浪漫气息和历史意义。这种战术直刀拥有体积小、结构紧凑、功能性强大的特点，是野外狩猎和实用刀具的出色选择。该刀的刀柄采用Kray-Ex材质，能够承受强烈的冲击破坏。扁平形状的握柄，加上表面的防滑纹路与点状凸起，能提供出色的握感，让使用者可轻易地在掌中做翻转、回旋的动作。

美国冷钢13RTK战术直刀

小档案

质　量	：	242克
全　长	：	297毫米
刃　长	：	179毫米
刃　厚	：	5毫米
刃　宽	：	30毫米

冷钢13RTK战术直刀是由美国冷钢刀具公司生产的战术直刀，是专为美国海军陆战队特种部队设计的一款战斗刀。该刀是在继承古代日本武士刀优点的基础上，加上现代设计而制成的。冷钢13RTK战术直刀有两种用途，既可用于作战，也可用于野外生存。该刀配备克迪克斯（KYDEX）材料制造的战术刀鞘，携行非常方便。

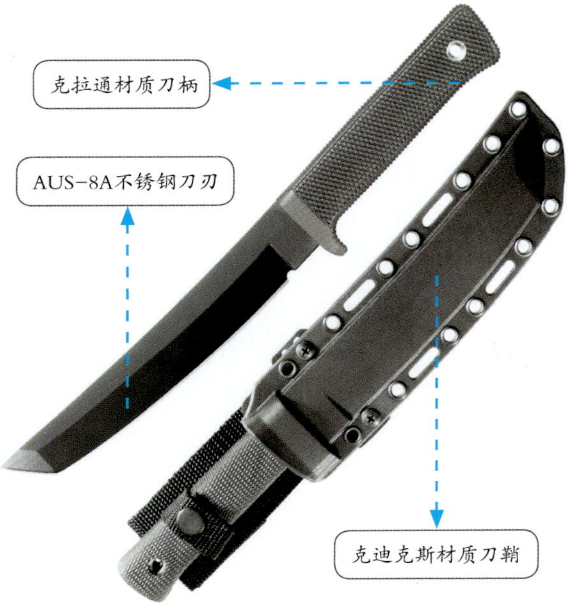

美国冷钢39FK双指颈刀

小档案

质　量：	70克
全　长：	193毫米
刃　长：	75毫米
刃　厚：	2.2毫米
刃　宽：	34毫米

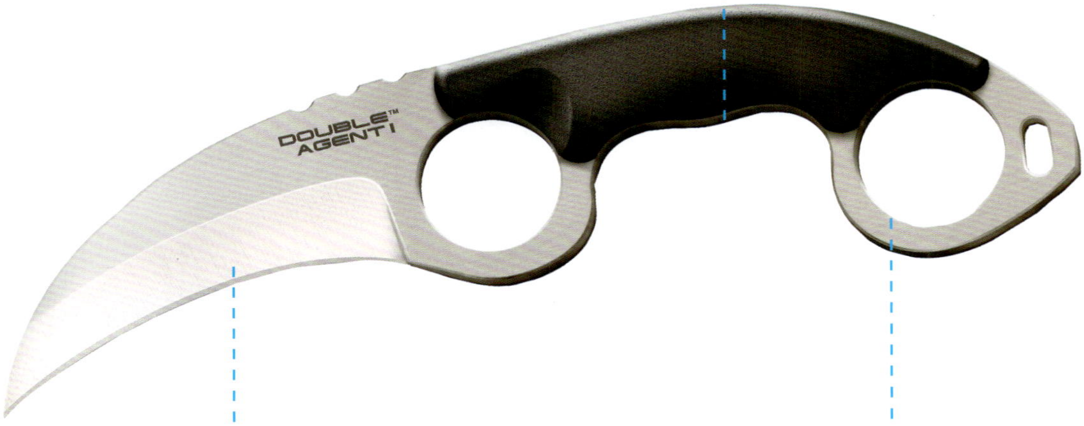

冷钢 39FK 双指颈刀是由美国冷钢刀具公司生产的颈刀，是一款携带舒适、便于隐藏的刀具。该刀最大的特点就是采用双环手柄设计，通过前后两个滑环，让拳头握刀柄的时候重心保持稳定，防滑性能优秀，避免误伤自己或他人。该刀刀身适合切、割、砍等多种作业，非常适合野外环境。

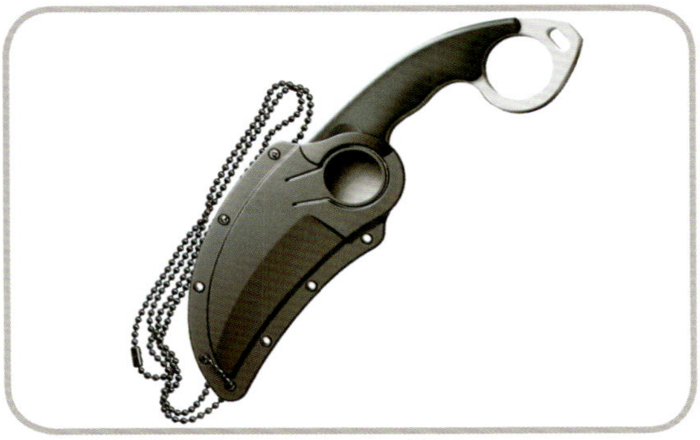

▲ **插入刀鞘的冷钢 39FK 双指颈刀**

美国冷钢60SPH猎刀

小档案

质　量	：	203克
全　长	：	210毫米
刃　长	：	90毫米
刃　厚	：	4.8毫米
刃　宽	：	28毫米

冷钢60SPH猎刀是由美国冷钢刀具公司生产的猎刀，绰号“彭德尔顿”（Pendleton）。早期的“彭德尔顿”猎刀都是胶柄款式，缺乏手工刀的质感。为了弥补这个缺憾，冷钢刀具公司重新设计了这把猎刀，无论是制刀的材质还是手工的细腻度都大为提高。握柄使用抛光的黑色电木，质感绝佳。

趣味小知识

1973年，林恩·汤普森购买了刀匠劳埃德·彭德尔顿（Lloyd Pendleton）制作的一把刀，后来两人成为好朋友，并且一起合作设计出“彭德尔顿”猎刀。

美国冷钢20SPHZ猎刀

小档案

质 量	：	76.5克
全 长	：	216毫米
刃 长	：	92毫米
刃 厚	：	2.5毫米
刃 宽	：	26毫米

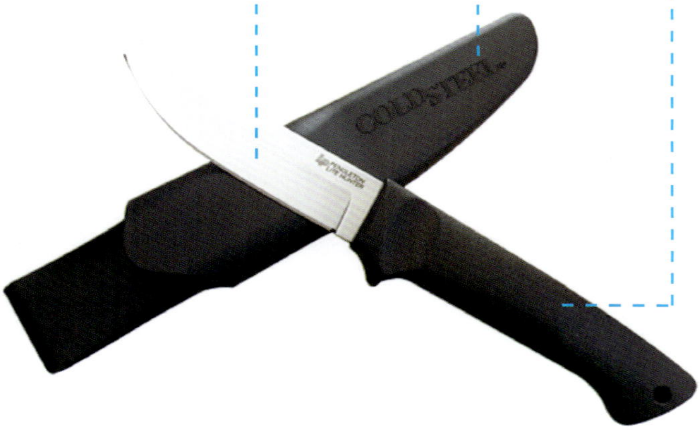

冷钢 20SPHZ 猎刀由美国冷钢刀具公司生产。该刀采用水滴形刀尖设计，让切割工作变得十分快捷；增加刀身强度的厚刀脊与深而宽的凹磨相结合，形成了适合穿刺的锋利刀刃和强壮的刀身；德国 4116 不锈钢制成的刀刃犹如剃刀般锋利，刀刃保持性长久，很容易打磨。

美国冷钢80TFTC战术直刀

小档案

质 量	：	275克
全 长	：	305毫米
刃 长	：	171毫米
刃 厚	：	5毫米
刃 宽	：	24毫米

冷钢 80TFTC 战术直刀由美国冷钢刀具公司生产。该刀拥有锐利的刀刃，具有多重用途。它的握柄缠着尼龙绳，是一把结实耐用的武器。该刀在投掷后能够产生强大的攻击力，加上精心设计的平衡度，使它成为一把优秀的作战利器。在特殊情形下，还可以将绳柄解开，将刀身与树枝或木棍等棒状物缠在一起，该刀就能变成一种长距离的防卫武器。

美国蝴蝶100SH20潜水刀

小档案	
质量：	115克
全长：	193毫米
刃长：	84毫米
刃厚：	3毫米
刃宽：	29毫米

蝴蝶 100SH20 潜水刀是由美国蝴蝶刀具公司生产的潜水刀，以满足潜水活动或两栖行动的需要。这种潜水刀由特殊的 X15TN 不锈钢制造，对于液体物质有极高的抗渗透性，并且具有接近百分之百的防锈能力。刀刃部有半齿，在水中若需切割绳索，则能事半功倍。克迪克斯材质的刀柄拥有特殊的塑形，与手掌紧密结合，在有阻力的水中行动更灵活。

美国蝴蝶140BK战术直刀

蝴蝶 140BK 战术直刀是由美国蝴蝶刀具公司生产的第一种直柄刀型，由著名手工刀匠艾伦·爱丽舍维兹（Allen Elishewitz）设计，绰号“猎虎”（Nimravus），已经畅销多年。该刀的线条圆滑流畅，外形类似蝴蝶刀具公司的折刀产品，材料和设计风格也极为相似。虽然蝴蝶 140BK 战术直刀没有采用现今流行的几何刀尖（Tanto），但它仍然是当代最出色的设计之一。

小档案	
质量：	157克
全长：	238毫米
刃长：	115毫米
刃厚：	3毫米
刃宽：	32毫米

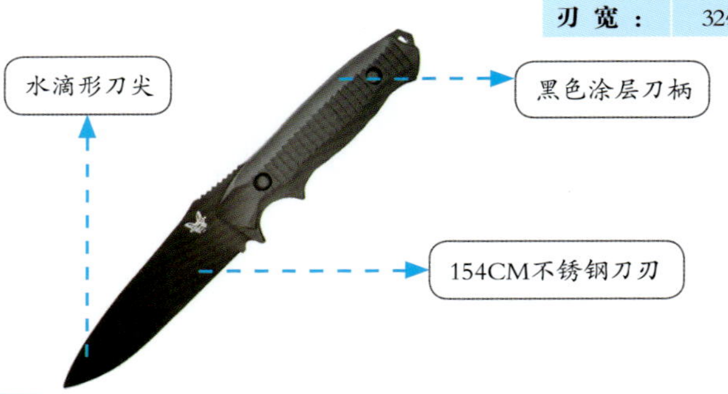

美国蝴蝶375BK战术直刀

小档案	
质量：	163克
全长：	232毫米
刃长：	110毫米
刃厚：	4.3毫米
刃宽：	32毫米

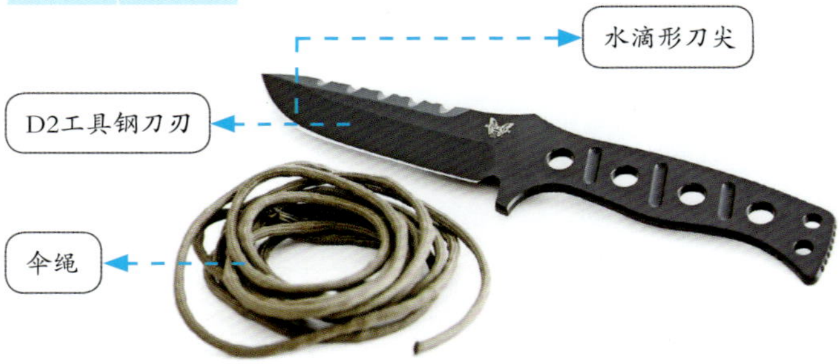

蝴蝶 375BK 是由美国蝴蝶刀具公司设计生产的一款警务战术直刀，由谢恩·赛博特（Shane Sibert）设计，性能良好且携带方便。该刀双侧开刃，刀背前端开锋和锋利的刀尖让刀具拥有出色的穿刺能力，而后半部的齿刃则可以用来执行重型切割任务。刀身采用黑色涂层处理，一侧印有蝴蝶标志。一体式的刀柄采用镂空设计，不仅可以有效地减轻刀具质量，也可以使用附赠的伞绳进行绑缚成为伞绳柄直刀。

美国蝴蝶178SBK匕首

小 档 案

质　量	：	58克
全　长	：	184毫米
刃　长	：	80毫米
刃　厚	：	4.5毫米
刃　宽	：	19毫米

蝴蝶178SBK匕首是格雷格·汤普森借鉴自己多年的训练和战斗经验专为“特种作战格斗计划”（Special Operations Combatives Program，简称SOCP）而推出的。这种匕首型产品在美军部队中也被称为“过渡工具”，它的设计意图是方便士兵在紧急情况下快速拔出和利用匕首，控制住敌手或是招架住敌人的袭击，使得士兵可以转变到一个比较安全的状态并使用主要作战武器系统进行还击。

▲ 蝴蝶178SBK匕首指环的使用

美国蜘蛛FB20PBK野营刀

小档案

质 量	：	98克
全 长	：	312毫米
刃 长	：	172毫米
刃 厚	：	3毫米
刃 宽	：	42毫米

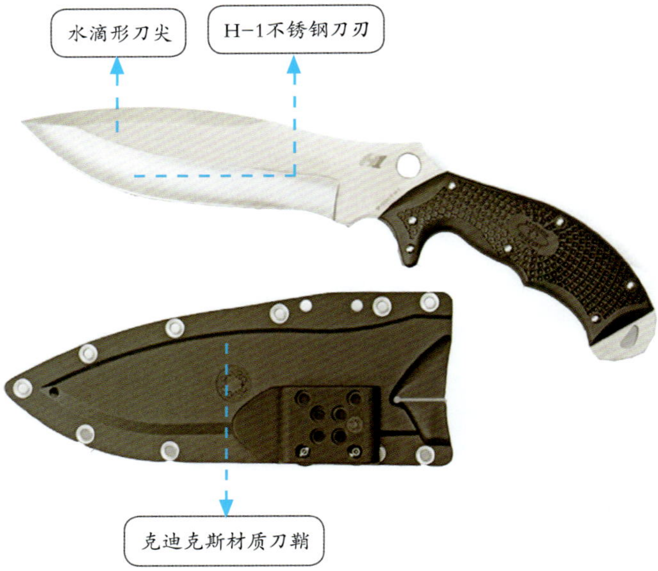

FB20PBK野营刀是由美国蜘蛛刀具公司生产的多用途野营刀，是一种特别为野外活动所设计的万能工具。该刀的刀背与握柄上都有穿绳孔，同时绑上绳子，安全性更佳。此外，克迪克斯材料制造的刀鞘上有多动向皮带环，可自行拆卸组合螺丝来调整方向，以配合着装形式。

美国蜘蛛FB23SBK救援刀

小档案

质 量	：	132克
全 长	：	238毫米
刃 长	：	118毫米
刃 厚	：	3毫米
刃 宽	：	28毫米

FB23SBK救援刀是由美国蜘蛛刀具公司生产的水上救援刀，同样采用H-1不锈钢制造。这种救援刀有17毫米厚的FRN（玻璃增强尼龙）材质手柄，其上有蜘蛛刀具公司专利的火山口压纹加工，可在有水的环境中确保刀具不滑手。精心设计的克迪克斯刀鞘运用杠杆原理，只要用拇指抵住刀鞘就能顺利地收刀与拔刀。

美国哨格S1T战术直刀

小 档 案

质　量	：	297克
全　长	：	278毫米
刃　长	：	162毫米
刃　厚	：	5.8毫米
刃　宽	：	31毫米

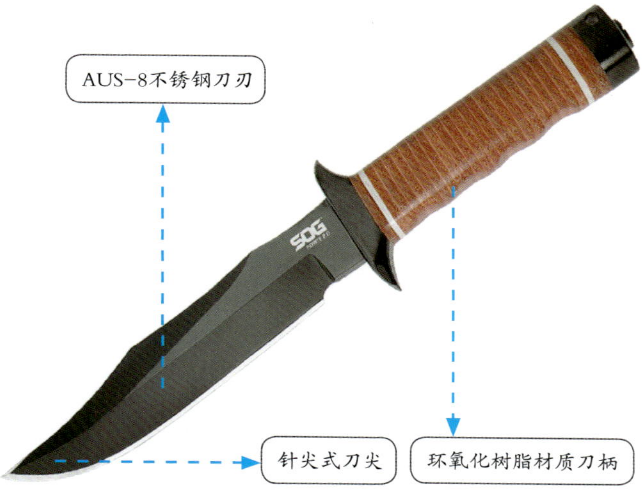

哨格 S1T 战术直刀是由美国哨格公司生产的战术直刀，是为了庆祝哨格公司成立二十周年所特别推出的产品。除了拥有哨格公司一贯的直刀样式外，该刀还结合新材质、新制作技术进行了升级，成为新一代的产品。该刀的刀刃采用 AUS-8 不锈钢，表层有氮化铝钛镀膜处理，抗锈蚀能力与硬度都大幅提升。

美国哨格S37K半齿直刀

小 档 案

质　量	：	292克
全　长	：	312毫米
刃　长	：	180毫米
刃　厚	：	6毫米
刃　宽	：	34毫米

哨格 S37K 半齿直刀是美国哨格公司生产的半齿直刀。该刀在众多评估活动中均获得了好评，并已被美国海军“海豹”突击队采用。哨格 S37K 半齿直刀的用途十分广泛，刀身设计着重于前端尖刺的部分，具备超强破坏力，同时保留了锋利的刀刃。刀刃尾部有齿刃设计，方便切割绳索，刀身表面特别加上雾面防锈处理，不易反光，执行任务时有利于隐蔽。

美国卡巴1217军刀

小档案

质　量	：	320克
全　长	：	304.8毫米
刃　长	：	174.6毫米
刃　厚	：	4毫米
刃　宽	：	30毫米

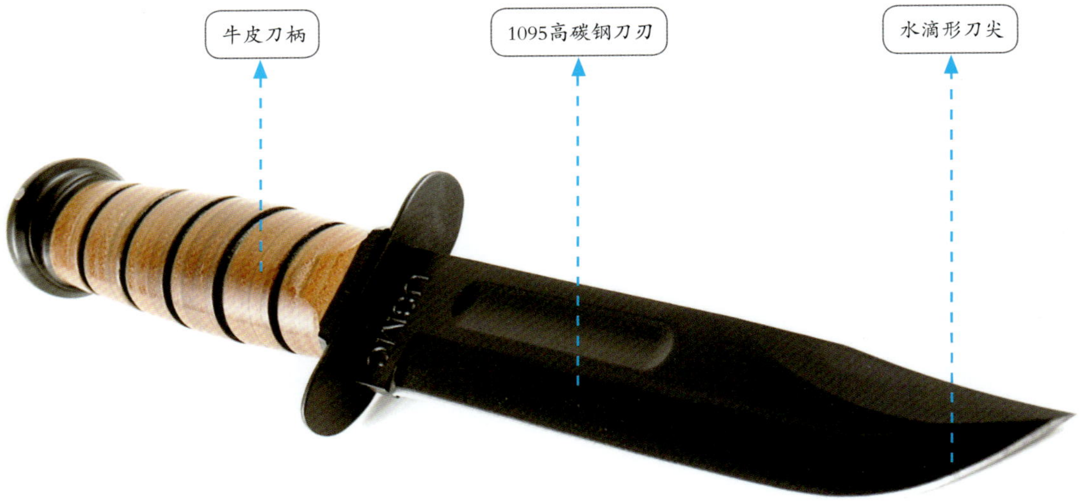

卡巴 1217 军刀的军用型号是 USN Mark Ⅱ，二战时期被美国海军陆战队选作标准的多用途刀。自 1943 年服役以来，卡巴 1217 军刀通过了一次又一次的实战检验，显赫战绩数不胜数。该刀的刀身使用 1095 高碳钢制造，性能比较优秀，足以承担大部分的使用方式。该刀设有血槽，握柄由纯牛皮压制而成，防水性佳，且具有相当程度的防滑性，还进行了防霉处理。

▲ 卡巴 1217 军刀侧面特写

趣味小知识

在二战中，USN Mark Ⅱ 的总产量超过 100 万把，有多个制造厂家，其中以卡巴公司（Ka-bar）制作的产品最为著名，因此被称作卡巴 1217 军刀。

▲ 卡巴 1217 军刀及刀鞘

美国卡巴1483半齿战术刀

小 档 案	
质 量：	179克
全 长：	195毫米
刃 长：	92毫米
刃 厚：	4.5毫米
刃 宽：	32毫米

卡巴 1483 半齿战术刀是美国卡巴公司生产的半齿战术刀，由美国战略防卫训练组织（Tactical Defense Institute，TDI）的创办人约翰·本纳（John Benner）专门为执法人员设计。约翰·本纳非常了解警察或特勤人士的需求，他配合机构所传授的训练课程，设计出了卡巴 1483 半齿战术刀。针对特殊行动需要，该刀的外形小而扁平，穿戴在腰间时非常隐藏，不容易被看见。

美国卡巴5601求生刀

小 档 案	
质 量：	380克
全 长：	322毫米
刃 长：	182毫米
刃 厚：	5毫米
刃 宽：	37毫米

卡巴 5601 求生刀是美国卡巴公司生产的求生刀，由该公司著名设计师斯蒂夫·约翰逊（Steve Johnson）设计。刀身经过精雕细琢，刀部拥有流畅的 S 形平磨曲线，适合进行切割动作。回形刀身拥有异常锋利的刀头，可进行重型穿刺甚至在危急时刻发挥撬杆作用。刀鞘设计成独特的储物袋，其中包含火柴、渔具和指南针等生存物品。

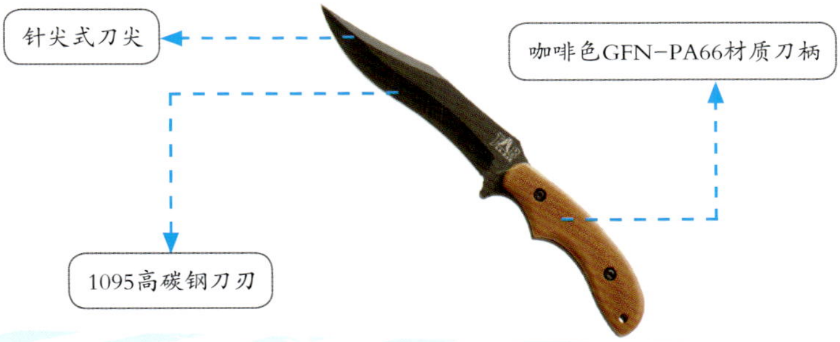

美国戈博LMF Ⅱ Infantry生存刀

小 档 案	
质量：	135克
全长：	272毫米
刃长：	119毫米
刃厚：	4.6毫米
刃宽：	33.6毫米

戈博 LMF Ⅱ Infantry 生存刀是由美国戈博刀具公司设计生产的一款生存刀，专为野外长时间逗留而设计，现已装备美国空降部队，一些其他国家的执法单位也有采用。该刀具有较好的耐磨性和防锈性，极适合复杂恶劣的野外环境使用。刀身前端拥有提供卓越的切削能力，可在野外执行切割、剥皮等精细工作，刀身后半部的齿刃在执行如切割树枝、尼龙绳索等任务时有着更好的表现。

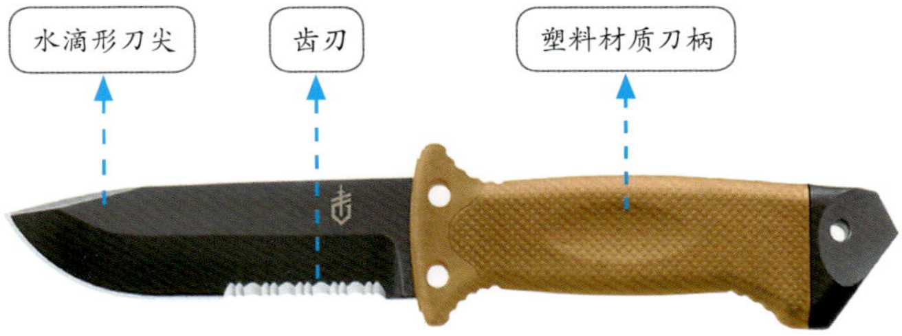

美国使命MPT-12 A2战术直刀

小档案

质　量：	89克
全　长：	329毫米
刃　长：	202毫米
刃　厚：	2毫米
刃　宽：	26.5毫米

使命 MPT-12 A2 战术直刀是由美国使命刀具公司设计生产的一款战术直刀。该刀不仅外观新颖独特，同时选用 A2 不锈钢制造，这种材料的韧性在冷作模具钢中较为突出，能够长期保持锋利度。

美国斯巴达Nyx战术直刀

小档案

质　量：	105克
全　长：	256毫米
刃　长：	103毫米
刃　厚：	5毫米
刃　宽：	33.6毫米

斯巴达 Nyx（尼克斯，希腊神话中的夜神）战术直刀是由美国斯巴达刀具公司设计生产的一款战术直刀，适合狙击手、突击队员、侦察兵和任何士兵在野外行动时使用。该刀是一款兼具战斗和生存能力的刀具，刀身表面采用黑色氮化锆涂层处理，并刻有斯巴达标志及钢材标号，有效保护刀身并防锈。

美国夜魔DOH111战术直刀

小 档 案

质　量	：	123克
全　长	：	252毫米
刃　长	：	140毫米
刃　厚	：	6毫米
刃　宽	：	53毫米

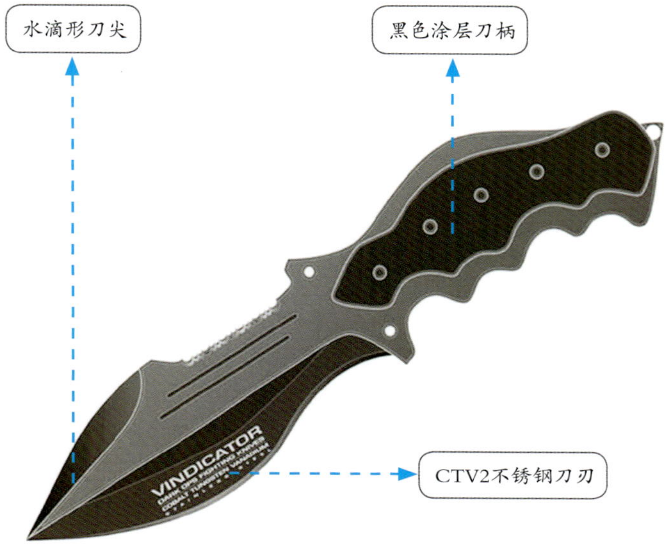

夜魔 DOH111 战术直刀是由美国夜魔刀具公司设计生产的一款隐藏型战术直刀，被美国政府服务机构视为最佳刀具之一，也获得了军队和警察的认可。该刀根据全天候作战的需要而设计，能在恶劣环境中出色地完成各项任务。它没有锁定设计，这是为了避免在恶劣环境中由于过于烦琐的功能而导致战术动作的失常，从而带来不必要的危险。

美国挺进者BN-SS战术直刀

小 档 案

质　量	：	560克
全　长	：	300毫米
刃　长	：	178毫米
刃　厚	：	6毫米
刃　宽	：	32毫米

挺进者 BN-SS 战术直刀是由美国挺进者刀具公司设计生产的战术直刀，拥有粗犷的外形和带有美式强悍风格的几何刀头。该刀进行过表面氧化处理，非常坚固耐用，不需要刻意保养。标准刀柄为外加缠绳，缠绳的材料有多种。缠有纤维尼龙绳的刀柄即便浸了油也能握得很紧，而且绳子还能在某些情况下派上重要用场。

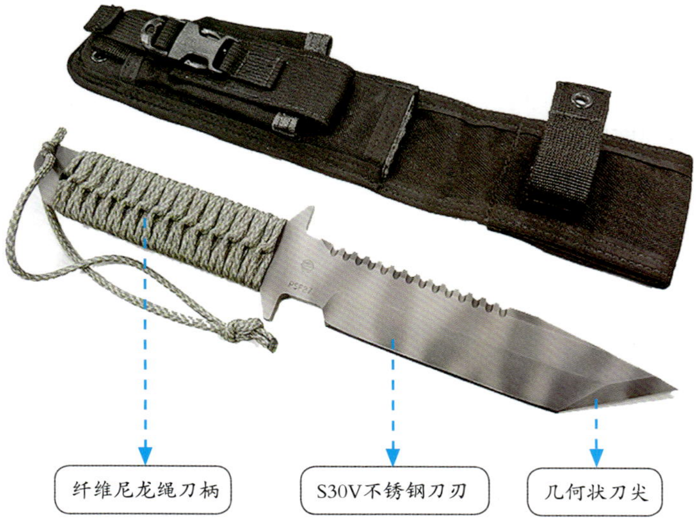

美国HTM MJDPTIBH手刺

小 档 案

质 量：	78克
全 长：	119毫米
刃 长：	53毫米
刃 厚：	3.3毫米
刃 宽：	20毫米

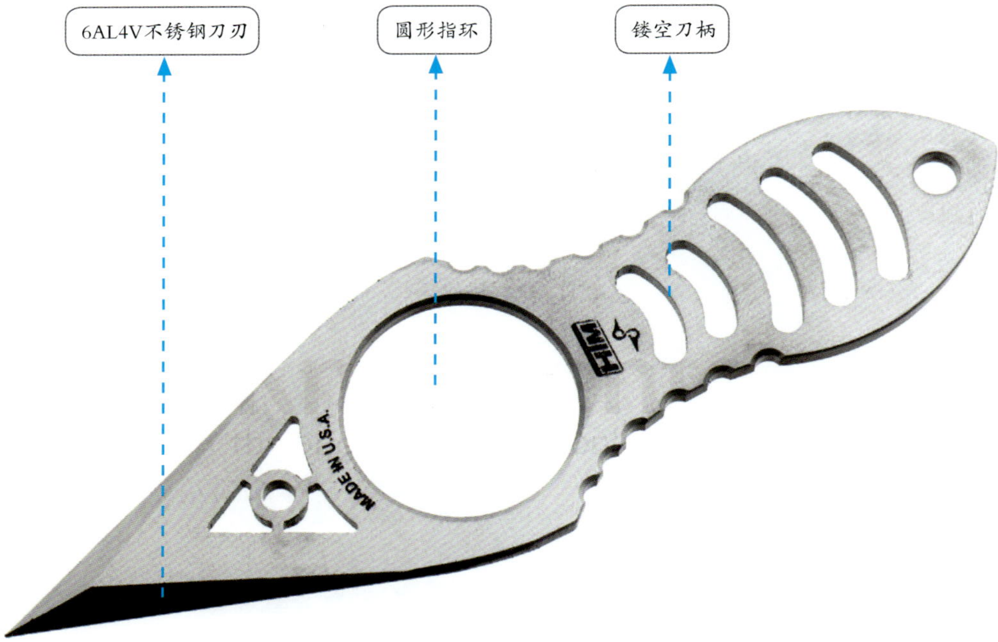

MJDPTIBH手刺是由美国手工技术制造公司（Hand Tech Made，简称HTM公司）设计生产的一款钛合金手刺，由知名手工刀匠达雷尔·拉尔夫设计。MJDPTIBH手刺外形小巧，便于携带，使得其成为理想的室内作战武器，也可作为一把隐蔽性较强的搏斗武器，常被军队或执法人员作为备用刀具。

▲ HTM MJDPTIBH手刺与刀鞘

▲ HTM MJDPTIBH手刺侧面特写

美国树人“野兽”战斗刀

小档案	
质量：	110克
全长：	311毫米
刃长：	162毫米
刃厚：	5.8毫米
刃宽：	39.3毫米

“野兽”（Beast）战斗刀是由美国树人刀具公司设计生产的一款战斗刀，拥有厚实而宽大的刀刃，整体质量也较大，非常适合野外作战。“野兽”战斗刀的刀身使用O1油钢（油淬硬化工具钢）制造，这种材料有较好的加工性能，耐磨性佳，热处理性能稳定，尺寸变形小，但韧性及耐腐蚀能力较弱。

美国十字军TCFM 02战术直刀

小档案	
质量：	98克
全长：	218毫米
刃长：	100毫米
刃厚：	6.4毫米
刃宽：	34.6毫米

TCFM 02战术直刀是由美国十字军刀具公司设计生产的一款战术直刀，因有着良好的切割能力、安全性、平衡性和可操作性而备受美国军方青睐。该刀的刀身采用S30V高性能不锈钢锻造，刀具尺寸紧凑，便于携带使用。凹磨刃部赋予其出色的功能性，水滴形刀尖提供出色的破入力，可形成足够的贯穿伤，刀身采用三重热处理，大大提高刀身性能。

美国克里斯·里夫S35VN战术直刀

小档案	
质量：	85克
全长：	184毫米
刃长：	86毫米
刃厚：	4.1毫米
刃宽：	25.4毫米

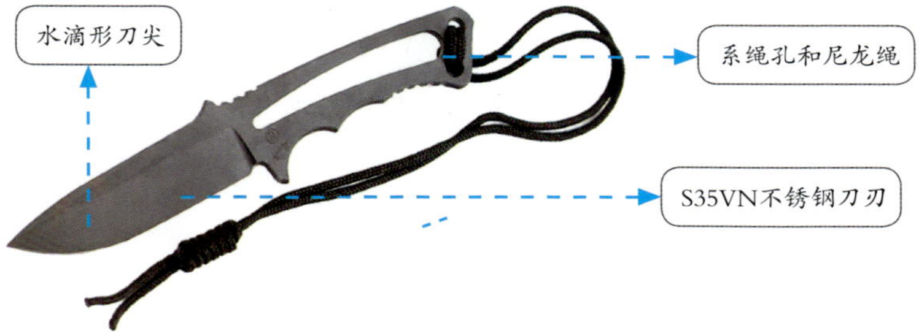

S35VN战术直刀是由美国克里斯·里夫刀具公司设计生产的一款战术直刀，具有独特的设计，采用顶级钢材手工制造而成。扁平的刀身设计，使该刀便于携带和隐藏。S35VN战术直刀的手柄缠着一条尼龙绳，执行任务时可随机取用，而尼龙绳还可起到缓冲作用，避免刀身敲击硬物或地面发出声响。

美国温克勒WK Ⅱ颈刀

小档案

质　量：	152.5克
全　长：	180毫米
刃　长：	76毫米
刃　厚：	5毫米
刃　宽：	23.8毫米

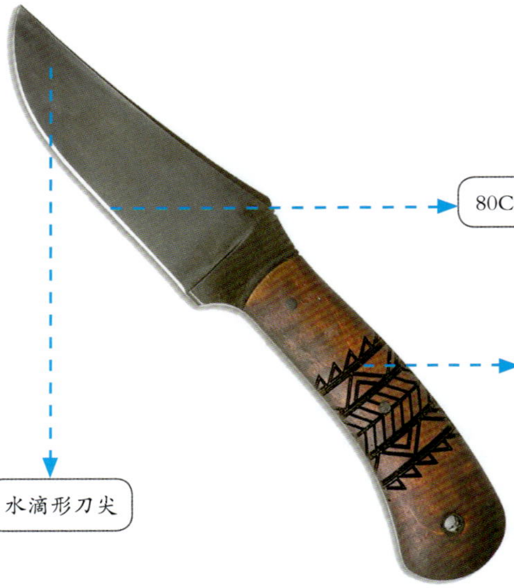

WK Ⅱ颈刀是由美国温克勒刀具公司设计生产的一款颈刀，已被美国一些特种部队和执法部队采用。该刀是一款便于携带而又威力十足的全骨结构颈刀，鸟嘴式刀形设计使其穿刺力十足，可执行击、啄、凿等动作，平磨式平刃手法让刃部更加锋利，拥有更好的切削力。

美国沃特·布兰登M2颈刀

小档案

质　量：	110克
全　长：	154毫米
刃　长：	54毫米
刃　厚：	4.8毫米
刃　宽：	25毫米

沃特·布兰登 M2 颈刀是由美国沃特·布兰登刀具公司设计生产的一款颈刀，也是著名刀具设计师沃特·布兰登的代表作品之一。该刀采用 DLC（Diamond-like carbon）黑色镀膜刀刃，手柄为镂空设计，减轻了整体质量。DLC 是一种由碳元素构成，在性质上和钻石类似，同时又具有石墨原子组成结构的物质。它硬度高、弹性模量高、摩擦系数低，并且耐磨损，很适合作为刀具耐磨涂层。

美国霍格35179战术直刀

小 档 案

质 量	：	310克
全 长	：	310毫米
刃 长	：	266毫米
刃 厚	：	6毫米
刃 宽	：	39.8毫米

霍格 35179 战术直刀是由美国霍格刀具公司推出的大号战术直刀，适合作为特种部队的野外刀具。经过精心设计的刀身非常适合切削工作，刀根处开有两个系绳孔，可与刀柄尾端的对应孔位使用伞绳系附，在执行繁重任务时防止刀具脱手。刀身背部假刃前端进行加厚处理，为刀尖提供无与伦比的强度，无论是进行切削劈砍或是撬杆工作都得心应手。

美国巴斯SYKCO 911战术直刀

小 档 案

质 量	：	462克
全 长	：	365毫米
刃 长	：	207毫米
刃 厚	：	6.6毫米
刃 宽	：	41.7毫米

巴斯 SYKCO 911 战术直刀是由美国巴斯刀具公司生产的一款战术直刀，由公司创办人丹·巴斯设计，已被美军多支特种部队采用。该刀的刀身采用 SR-101 钢制成，硬度可达 62HRC，简单的平刃拥有出色的切削能力。刀具柄部采用 Resiprene C（瑞斯普林 -C）材质，这种材质的手柄拥有舒适、减振、防滑和耐潮湿的特点，尤其是能在寒冷环境下有效地隔绝温度。

美国卡美卢斯CM18508战术直刀

小 档 案

质　量	：	267克
全　长	：	240毫米
刃　长	：	90毫米
刃　厚	：	3毫米
刃　宽	：	31.2毫米

卡美卢斯 CM18508 战术直刀是由美国卡美卢斯刀具公司设计生产的战术直刀，在许多国家的军队和特种部队中都能看到它的身影。该刀的外表粗犷，一体龙骨结构非常耐用，刀身有磷化处理的黑色涂层，软塑柄具有较好的握持舒适性。

趣味小知识

卡美卢斯（Camillus）刀具公司历史悠久，创办于 1876 年。二战期间，卡美卢斯刀具公司约生产了 1500 万把军用刀具，供应给美军及同盟国部队。21 世纪以来，卡美卢斯刀具公司的产品逐渐丰富化和个性化，CM18508 战术直刀就是新型产品之一。

▲ 卡美卢斯 CM18508 战术直刀及刀鞘

▲ 手持状态下的卡美卢斯 CM18508 战术直刀

美国独狼40031COMBO求生刀

小 档 案

质 量：	162克
全 长：	201毫米
刃 长：	89毫米
刃 厚：	2.7毫米
刃 宽：	28.3毫米

40031COMBO 求生刀是由美国独狼刀具公司设计、蝴蝶刀具公司生产的一款野外求生刀，在军警界和民间都比较受欢迎。这种求生刀采用传统的风格设计，但融入了现代的技术加工。独特的刀刃和手柄，在使用过程中提供了出色的舒适性和操控性。刀柄下方的凹槽设计提供了安全的抓力，使得该刀的剥皮能力更强。

美国安大略499空军求生刀

小 档 案

质 量：	252.6克
全 长：	245毫米
刃 长：	142毫米
刃 厚：	4.6毫米
刃 宽：	27.4毫米

安大略 499 空军求生刀是一种多用途刀具，具有广泛的军事、生存和救援用途，是为美国空军设计的具有出色实用价值的战术作品。为了保证刀身在暴力使用时不会出现意外情况，刀身中部两侧设有减压血槽，可以缓解刀身脆弱部分的受力。刀具护手可以有效对用户手部进行保护，手部采用层压式牛皮制作并刻出极深的防滑槽，尾端金属圆头在必要时可发挥击锤作用。随刀配备的棕色真皮刀鞘上配备一块磨石。

美国罗宾逊Ex-Files 11战术直刀

小档案

质　量	：	59.5克
全　长	：	165毫米
刃　长	：	64毫米
刃　厚	：	5.6毫米
刃　宽	：	19.3毫米

Ex-Files 11战术直刀是由美国罗宾逊刀具公司设计生产的一款战术直刀。该刀可以藏在口袋、钱包、手套箱、工具盒等处，这种极好的隐藏性非常适合野外生存，因此被很多士兵使用在伊拉克、阿富汗等战场，适合作为特种部队的备用刀具，在绑缚杆棍后可作为长矛使用。

小档案

质　量	：	300克
全　长	：	298毫米
刃　长	：	171毫米
刃　厚	：	6.3毫米
刃　宽	：	23毫米

美国M4刺刀

M4刺刀是美国军队于二战时期开始引入用于装备M1卡宾枪的武器。该武器的使用年限长达26年，有M8及M8A1两种刀鞘可以选择。M4刺刀在设计时采用的战略金属（大量用于军事制造工业的金属）较少，其制造过程也相对简单，这种设计思想也间接影响了之后的美国军用刺刀。

美国M5刺刀

小档案

质　量	：	326克
全　长	：	290毫米
刃　长	：	170毫米
刃　厚	：	6.1毫米
刃　宽	：	22毫米

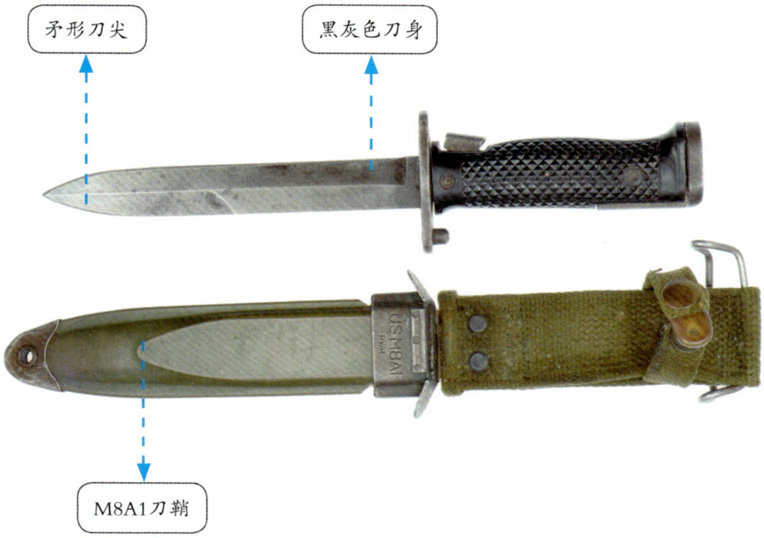

M5 刺刀在 1953 年开始设计，配用 M8A1 刀鞘，主要用于取代之前美国军队配备的步枪刺刀，后只用于 M1“加兰德”步枪，且不可与其他步枪相匹配。由于 M5 刺刀是一把完全重新设计的刀具，因此从外形上看，M5 刺刀更像一把战斗用刀。

小档案

质　量	：	420克
全　长	：	297毫米
刃　长	：	169毫米
刃　厚	：	6毫米
刃　宽	：	22毫米

美国M6刺刀

M6 刺刀是在 M5 刺刀的基础上改制的刺刀，可套进 M14 式步枪的消焰器。刀身和其他部位的金属表面经磷化处理，呈黑灰色，无光泽。刺刀装枪时，将护手上定位环套入枪口消焰器，卡槽内的卡块卡住枪上的连接块，刺刀便固定在枪上。压下按钮，即可取下刺刀。M6 刺刀刀柄的夹板用黑色塑料制成，表面有网纹。

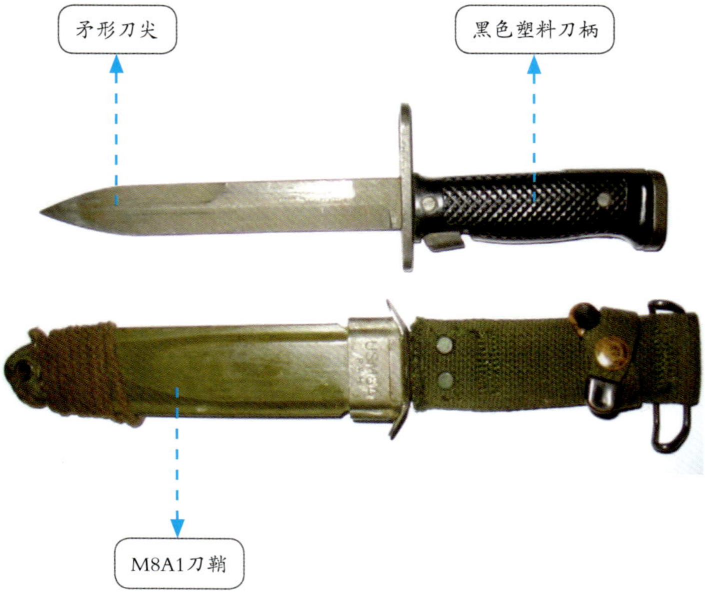

美国M7刺刀

小档案	
质 量：	300克
全 长：	298.45毫米
刃 长：	165.1毫米
刃 厚：	6毫米
刃 宽：	22毫米

M7刺刀是美国军队所使用的M16突击步枪配用的刺刀。它具有氧化黑色表面处理涂层，刀柄由两块对称黑色绝缘材料科腾聚合物制成，通过螺丝安装，具有防滑槽纹。在美国陆军服役的部分M7刺刀被M9刺刀所取代，而海军陆战队则是被OKC-3S刺刀所取代。目前美国陆军、海军和空军仍然大量使用M7刺刀，并在今后数年可能仍然使用。

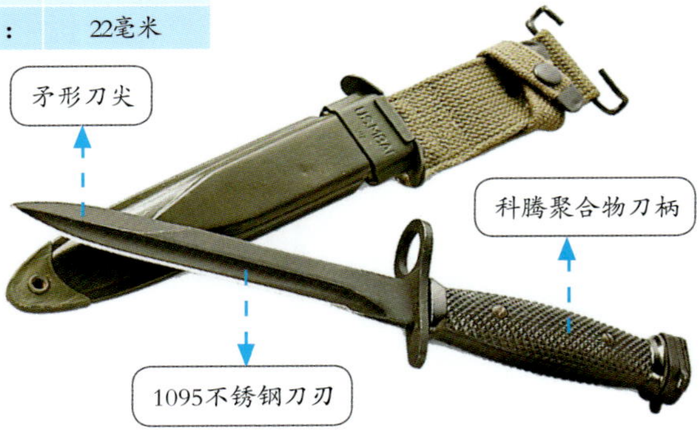

美国M9刺刀

M9刺刀是美军在1984年正式采用的一种战场多用途刀和刺刀，生产厂家包括菲罗比斯公司、巴克公司、兰卡公司和安大略刀具公司等。M9刺刀的刀片由不锈钢制成，刀身开有一个夹点孔，用以与刀鞘的凸起驻笋结合作为铁丝剪。此外，刀柄的凹槽也可用作开瓶器。塑料手柄的横截面为圆形，具有防滑的表面。

小档案	
质 量：	413克
全 长：	310毫米
刃 长：	182毫米
刃 厚：	6毫米
刃 宽：	35.6毫米

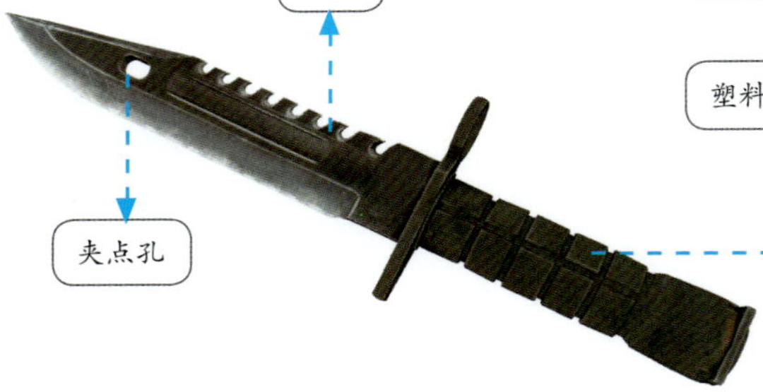

美国OKC-3S刺刀

小档案	
质量：	567克
全长：	330.2毫米
刃长：	203.2毫米
刃厚：	4毫米
刃宽：	35.6毫米

2002年12月，美国海军陆战队做出使用多用途刺刀的决策以后，开始对33种不同的刀具进行评估。OKC-3S由于表现最佳，几乎在所有的测试中成绩接近最好而被选中。OKC-3S于2003年开始生产和销售。该多用途刺刀系统能提供比M7刺刀更为持久的耐用性，可以被视为一柄战斗刀。

小档案	
质量：	350克
全长：	284毫米
刃长：	162毫米
刃厚：	3毫米
刃宽：	35毫米

苏联/俄罗斯 NRS侦察匕首

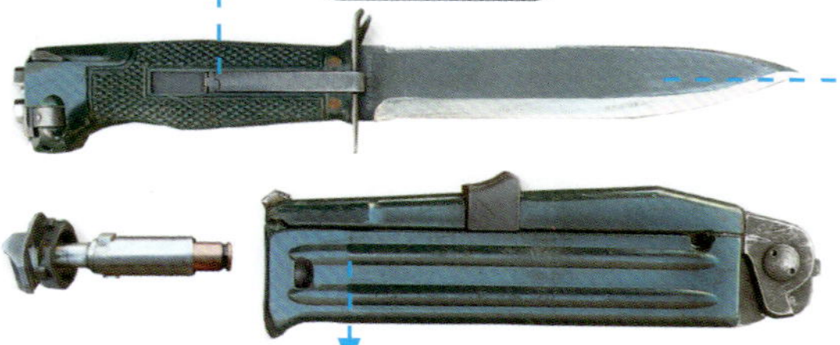

NRS 侦察匕首的主要特点是在多用途刀具中加入了射击装置，刀柄中有枪膛和短枪管，可以装入一发 7.62×42 毫米 SP−4 特制受限活塞子弹（俄罗斯 PSS 微声手枪使用的子弹）。枪口位于匕首刀柄的尾部。反过来握住刀柄，扣压刀柄中的扳机就能发射子弹。横挡护手上的一个缺口充当简化的瞄准装置。滑动的保险栓可以防止意外走火。这个射击装置的实际作用让人质疑，为了正确射击，刀刃必须朝向射击者的喉咙。

苏联/俄罗斯 AKM 多用途刺刀

小档案	
质量：	438克
全长：	290毫米
刃长：	163毫米
刃厚：	3毫米
刃宽：	29毫米

AKM 多用途刺刀是 AK−47 步枪刺刀的改进型，堪称多用途刺刀的鼻祖。该刀“刀＋鞘＝剪”的结构，深深影响了以后各国多用途刺刀的设计，包括著名的德国 KCB 刺刀和美国 M9 刺刀。AKM 刺刀的刀柄和刀鞘由高品质电木制成，耐高压、高温和腐蚀。刀刃为高碳工具钢锻压生成，强度极高。与 AK−47 步枪刺刀不同的是，AKM 刺刀装上刺刀座时刀刃是向上的，拼刺时主要是挑，而不是刺。它是一种多用途刺刀，不仅可装在枪上用于拼刺，也可取下作剪丝钳使用，还可锯割较硬的器物。

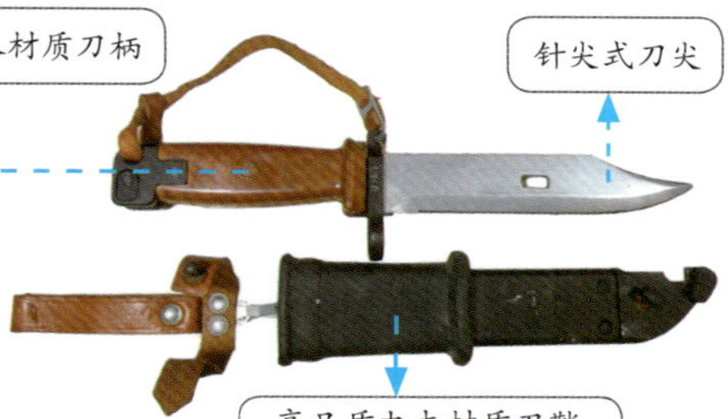

小档案	
质量：	276克
全长：	288毫米
刃长：	141毫米
刃厚：	5毫米
刃宽：	28.7毫米

俄罗斯永恒M30直刀

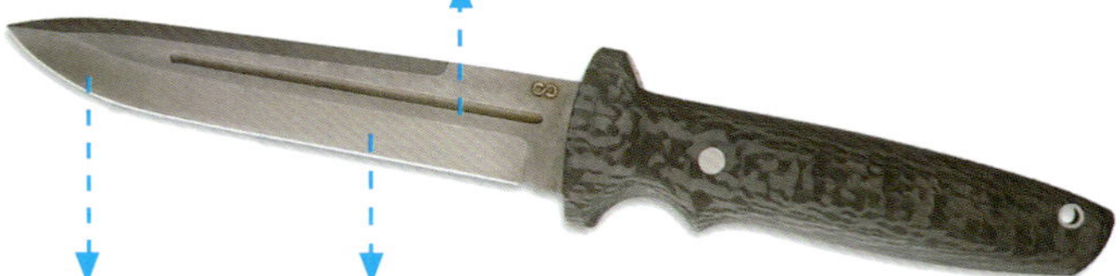

M30 直刀是由俄罗斯永恒刀具公司设计生产的一款直刀，使用由四种钢材组合而成的高碳钒大马士革钢（High Carbon Vanadium Damascus，HCVD）锻造，刀身修长并密布神秘花纹。M30 直刀是永恒刀具公司的代表性产品，需要技能出众的资深工匠花费大量的时间来锻造。

俄罗斯罗斯武备大马士革直刀

小档案	
质量：	150克
全长：	260毫米
刃长：	139毫米
刃厚：	2.4毫米
刃宽：	32毫米

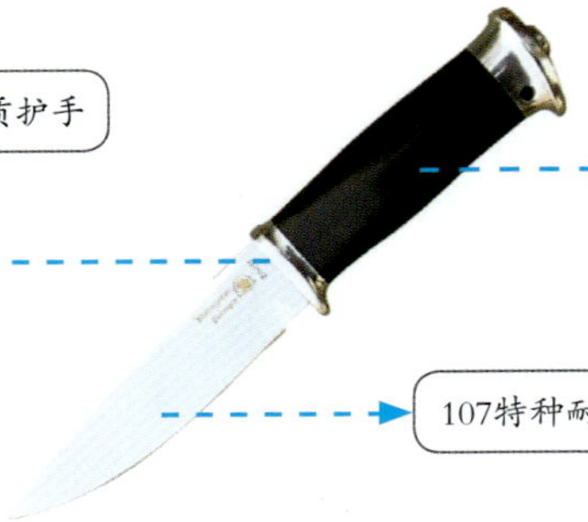

罗斯武备是苏联／俄罗斯最老牌的刀厂，其生产的大马士革直刀由著名的兹拉托乌斯特钢厂生产的锻造不锈钢 EI–107 制成，这种钢具有很高的硬度，适应性较好。手柄的材料采用胡桃木、榉木、桦木瘤、黑色铁木和皮革，护手采用电木、铝或者黄铜。刀面上普遍装饰有浓郁俄罗斯特色的花纹。每只刀都是手工打造，所有刀都有罗斯武备（ROSARMS）认证，拥有全套的证书和皮革护套，极具欣赏和收藏价值。

英国费尔班–塞克斯匕首

小档案	
质量：	241克
全长：	295毫米
刃长：	178毫米
刃厚：	2.1毫米
刃宽：	19毫米

费尔班－塞克斯匕首是二战时期最著名的军用匕首之一，其名声并不逊于同时期大名鼎鼎的美国卡巴 1217 军刀。该匕首的设计者之一是西方公认的现代军用格斗术先驱威廉·埃瓦·费尔班。由于它在近距离格斗方面极佳的表现，这款匕首被列为英国突击队的标准装备，并很快风行一时。

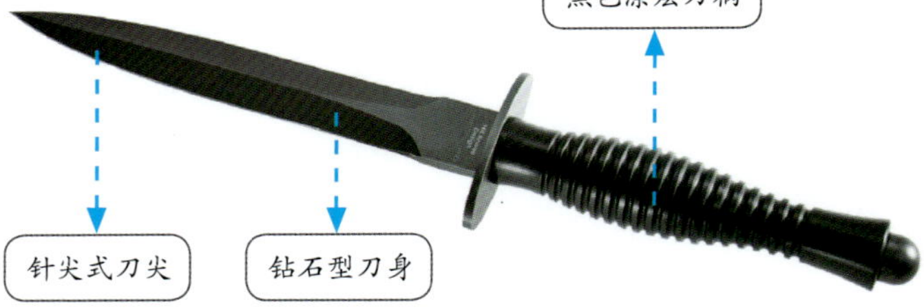

英国L85A1步枪刺刀

小档案	
质量：	400克
全长：	250毫米
刃长：	120毫米
刃厚：	3毫米
刃宽：	21毫米

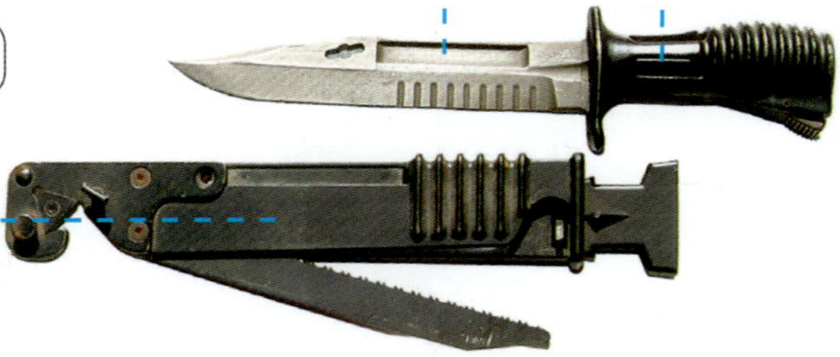

L85A1 步枪刺刀主要用于步枪，也可作匕首使用，或作为锯、切、剪和开瓶盖工具。该刺刀的本体使用高强度的不锈钢整体铸造。刀身大部分单刃，靠根部有一段 50.8 毫米长带齿刃口，可用于割断绳索。刀身开有血槽，刀柄上有开瓶器。刀鞘上装有长 178 毫米可快速更换并能折叠的锯条，用于锯割木质材料。

法国FAMAS步枪刺刀

小档案

质 量 ：	255克
全 长 ：	305毫米
刃 长 ：	178毫米
刃 厚 ：	3.2毫米
刃 宽 ：	30毫米

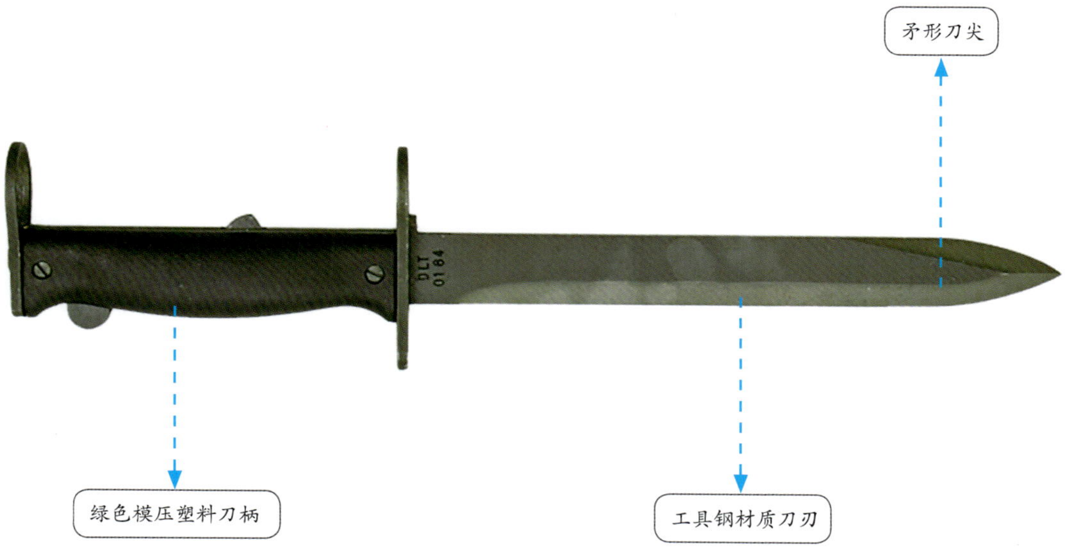

FAMAS 步枪刺刀是一种匕首型刺刀，除了装在枪上作拼刺工具和取下来作匕首使用外，没有其他功能。该刀刀身单刃，无血槽。与同类型刺刀不同的是，该刀除了在横挡护手上有一个枪口环以外，在刀柄后端还有一个环，刺刀装枪时这个环也套在枪管外面，可保证刺刀更牢靠地装在枪上。由于刀柄两端有一环，用手握持时很不舒适。

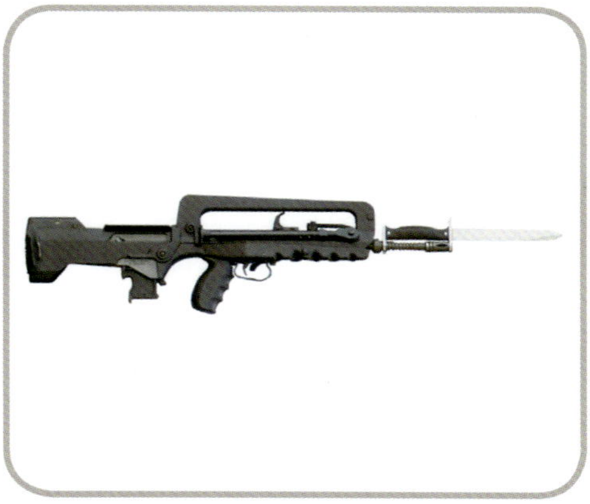

▲ FAMAS 突击步枪配备 FAMAS 刺刀

▲ 法国士兵手持备有 FAMAS 刺刀的 FAMAS 突击步枪

德国索林根KCB 77刺刀

小档案	
质 量：	300克
全 长：	302毫米
刃 长：	176毫米
刃 厚：	3毫米
刃 宽：	31毫米

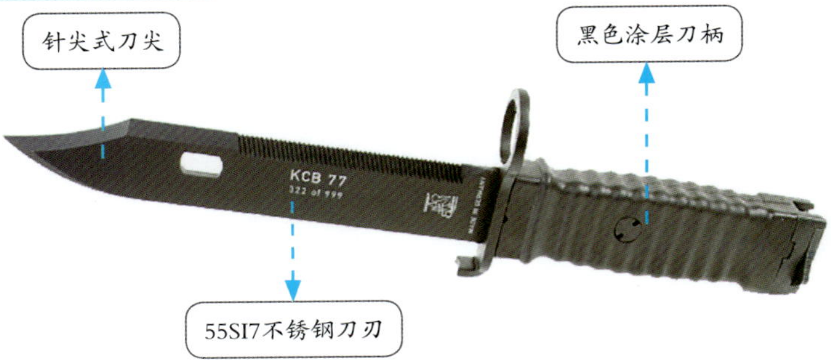

KCB 77刺刀是德国索林根公司于20世纪80年代研制的军用刺刀，曾参加1986年美国军用刺刀选型。该刀刀身和刀鞘均进行了防霉处理。刀鞘上有铁丝剪刃口和螺丝刀口，以及快速脱扣，刃口和刀口有着蓝宝石色的磨削表面，并由塑料套防护。塑料套可防止刀鞘驻笋和螺丝刀口挂到植物或金属线上，以减少给士兵带来的意外伤害。

德国索林根KM 2000战斗刀

索林根KM 2000战斗刀是德国索林根公司设计生产的战斗刀，主要装备德国联邦国防军步兵部队。索林根KM 2000战斗刀采用440A不锈钢制造，硬度可达58HRC，刀身为半锯齿设计，手柄为玻璃纤维增强尼龙制造。

小档案	
质 量：	328克
全 长：	300毫米
刃 长：	172毫米
刃 厚：	4.8毫米
刃 宽：	29毫米

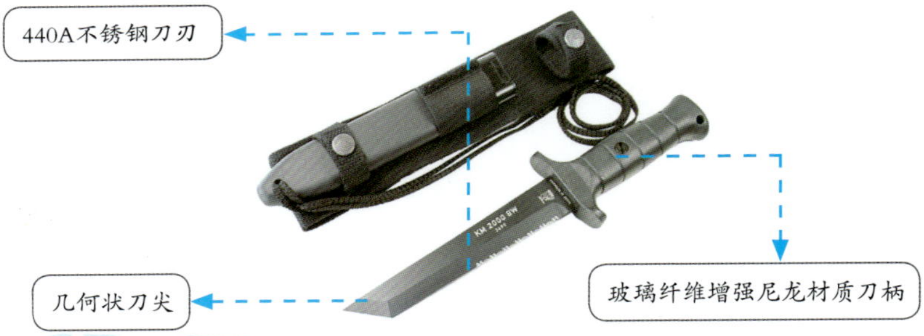

德国波尔Kilo One救援刀

小档案	
质 量：	260克
全 长：	248毫米
刃 长：	101毫米
刃 厚：	5毫米
刃 宽：	38毫米

Kilo One（基洛一代）救援刀是由德国终极力量刀具公司设计生产的一款救援刀，主要供伞兵和特种兵使用。Kilo One救援刀使用D2不锈钢制作的平磨刀身拥有极佳的切削能力，又不会出现因刀尖过于锐利而造成误伤情况，刀身外侧使用石洗手法进行处理。Kilo One救援刀配备克迪克斯刀鞘，可确保安全和方便携带。

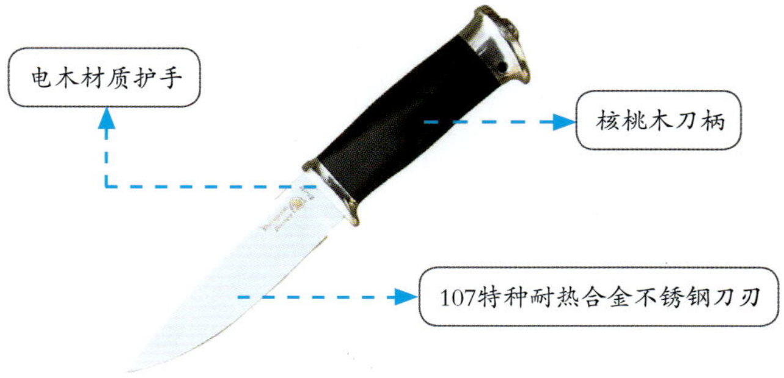

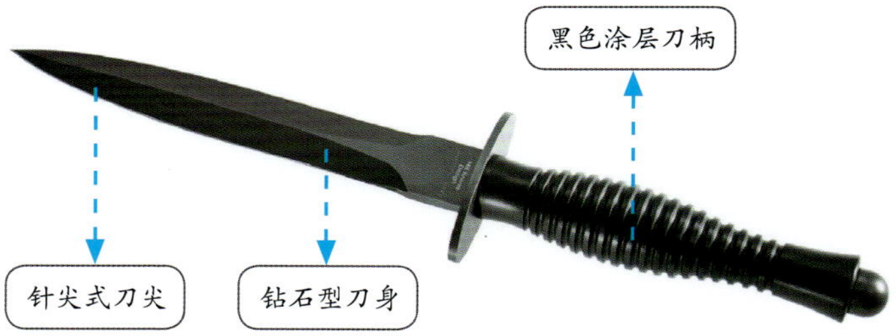

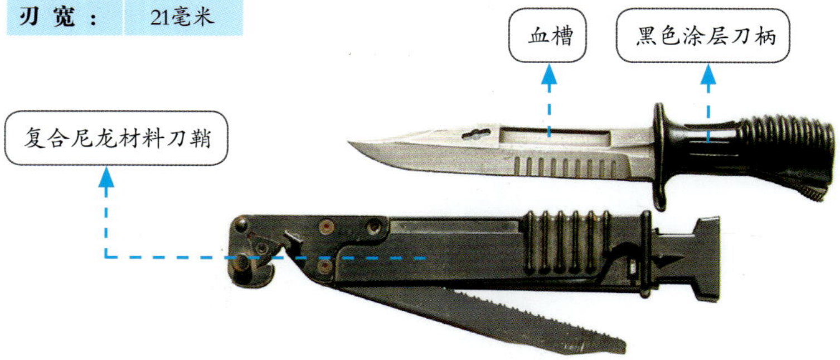

小档案	
质量：	270克
全长：	278毫米
刃长：	146毫米
刃厚：	4.5毫米
刃宽：	27.4毫米

德国博克Applegate-Fairbairn靴刀

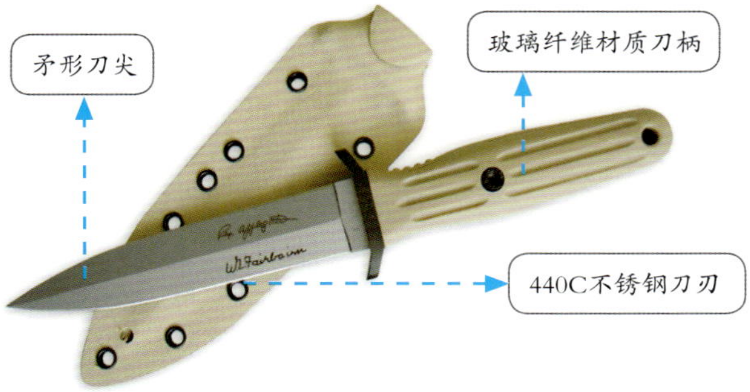

Applegate-Fairbairn（阿普尔盖特－费尔贝恩）靴刀是由德国博克刀具公司设计生产的双刃战斗靴刀，是一款值得信赖的野外战斗工具。Applegate-Fairbairn 靴刀的刀刃采用 440C 不锈钢，这种钢材是目前刀具市场上的优质不锈钢，是最早被刀匠接受的不锈钢，而且一直很受欢迎。它的缺点是黏性比较大，而且升温很快，但它比任何碳钢都更容易打磨。

意大利马赛里985/T战术直刀

小档案	
质量：	310克
全长：	285毫米
刃长：	135毫米
刃厚：	3.6毫米
刃宽：	26毫米

马赛里 985/T 战术直刀是由意大利马赛里刀具公司设计生产的一款战术直刀，有着漂亮的外表和优越的作战性能。平磨手法让该刀刀身具有良好的切削性能，而狭长的刀身设计则让刀具的穿刺性同样优秀。一体式全龙骨结构使得刀身强度非常出色，单侧护手和刀背上的拇指凹槽，让使用者可以更精确地掌控刀具，不会因打滑而造成意外受伤的情况。

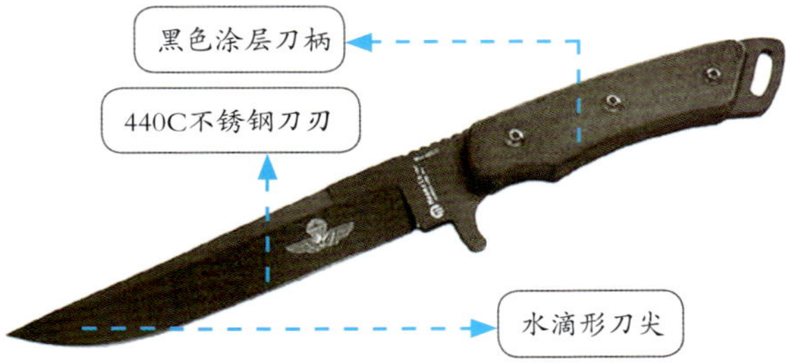

小档案	
质量：	350克
全长：	225毫米
刃长：	91毫米
刃厚：	3.1毫米
刃宽：	43毫米

意大利狐狸PARONG战术格斗刀

PARONG 战术格斗刀是由意大利狐狸刀具公司设计生产的一款战术格斗刀，非常适合肉搏战，目前已被多支特种部队采用。PARONG 战术格斗刀采用 N690 高级不锈钢制造，刀形极为凶悍，水滴形刀刃造型独特，刀刃锋利坚固。手柄使用橄榄木，造型符合人体工程学设计，可完全贴合手掌不易滑脱。

意大利极端武力 Fulcrum S战术直刀

小档案	
质量：	300克
全长：	280毫米
刃长：	149毫米
刃厚：	6.2毫米
刃宽：	32毫米

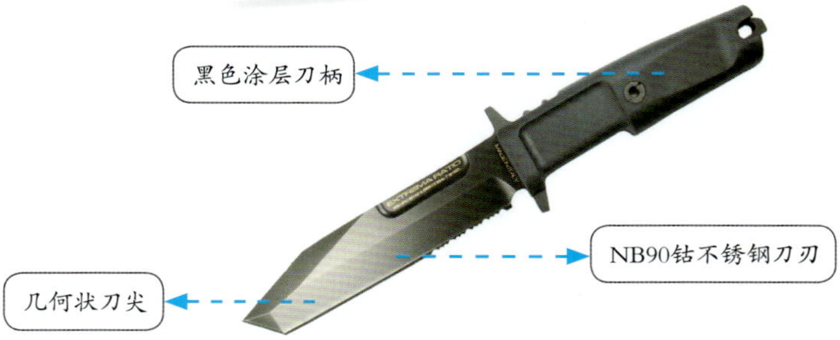

Fulcrum S战术直刀是意大利极端武力刀具公司设计生产的战术直刀，已被意大利山地部队装备。该刀的手柄以六角螺丝固定在刀刃尾端，这样使得清洁与上油更加便利，可延长刀的寿命。Fulcrum S战术直刀从刀形、材料到配件，均追求性能完备、坚固耐用。无论是身处恶劣环境中进行求生，或是在战斗中进行贴身格斗，这款刀都能发挥巨大的功用。

瑞典福克尼文 F1生存刀

福克尼文F1生存刀是由瑞典福克尼文刀具公司设计生产的生存刀。该公司创立于1984年，以生产高质量猎刀和渔刀而享誉北欧。公司一直为瑞典空军提供生存刀具，尤以F1生存刀最为著名。F1生存刀采用420J不锈钢，经过高温和锻压，具有良好的韧性和超强的硬度。简洁流畅的造型，加上合理的尺寸和配重，使得F1生存刀可以应对各种工作。

小档案	
质 量 ：	150克
全 长 ：	210毫米
刃 长 ：	95毫米
刃 厚 ：	4.2毫米
刃 宽 ：	26毫米

瑞典福克尼文 A1生存刀

小档案	
质 量 ：	312克
全 长 ：	282毫米
刃 长 ：	160毫米
刃 厚 ：	6毫米
刃 宽 ：	33毫米

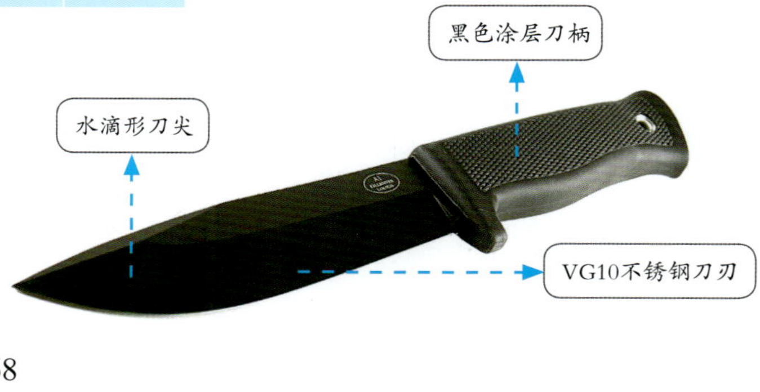

福克尼文A1生存刀由瑞典福克尼文刀具公司设计生产。这是一把大型的全能直鞘刀，适合各种高要求的重型用途。其非常强有力的刀刃用昂贵的VG10高级三层夹钢制成，非常坚硬，抗磨损能力出色。精心设计的手柄使A1生存刀既适合劈砍，也适合日常切削。全龙骨等宽柄芯，手柄头露出的钢柄头可以用作锤子，而不会损坏手柄。

瑞典福克尼文 A2生存刀

小档案	
质 量：	372克
全 长：	325毫米
刃 长：	202毫米
刃 厚：	6毫米
刃 宽：	36毫米

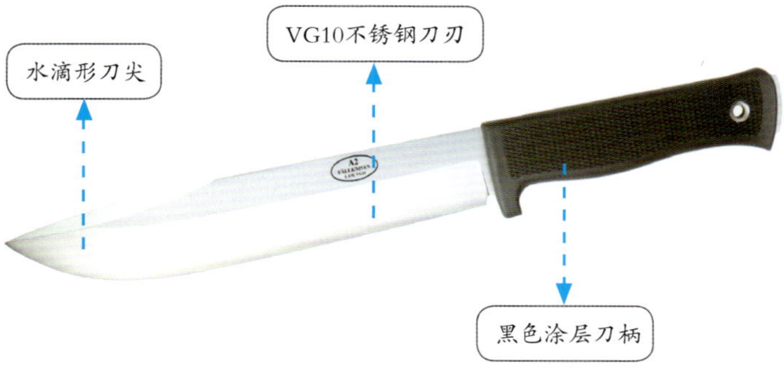

福克尼文 A2 生存刀是由瑞典福克尼文刀具公司设计生产的大型生存刀，体现出北欧风格的大气和对高品质的不懈追求。A2 生存刀以 VG10 高级不锈钢作为刃材，经过全面的淬水处理，具有极高的硬度、韧性和抗磨损能力。同时，福克尼文刀具公司坚持每把刀都是全龙骨等宽柄芯，使刀刃和刀柄浑然一体，绝不吝啬原料来损害刀的坚固和力度。A2 生存刀还提供黑色特氟隆涂层款式，可以保护刀刃不受腐蚀，并减少意外反光。

瑞典福克尼文 G1战术直刀

福克尼文 G1 战术直刀是由瑞典福克尼文刀具公司设计生产的双刃战术直刀，属于紧凑型战术刀。G1 战术直刀的绰号为“地狱守卫犬”，源自古老的北欧神话。虽然 G1 战术直刀的外形小巧，但威力并不小。该刀采用 VG10 高级不锈钢制作，双面开锋全平刃，拥有黑色特氟隆涂层，战术风格浓郁。手柄采用克拉通橡胶制作，防滑性能出色，不易脱手。

小档案	
质 量：	91克
全 长：	190毫米
刃 长：	90毫米
刃 厚：	4.3毫米
刃 宽：	21毫米

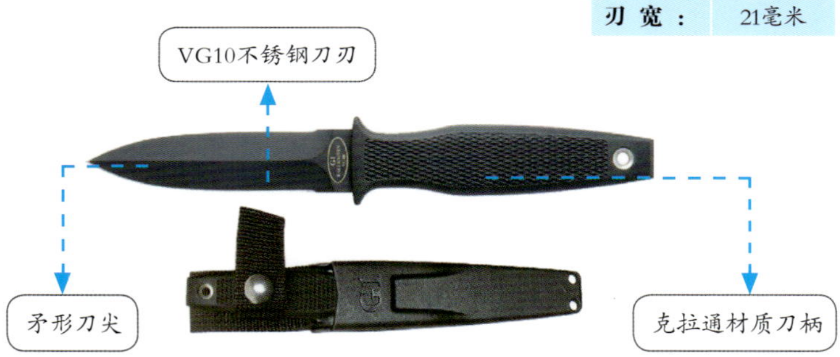

瑞典莫拉 749求生刀

小档案	
质 量：	260克
全 长：	329毫米
刃 长：	202毫米
刃 厚：	2毫米
刃 宽：	26.5毫米

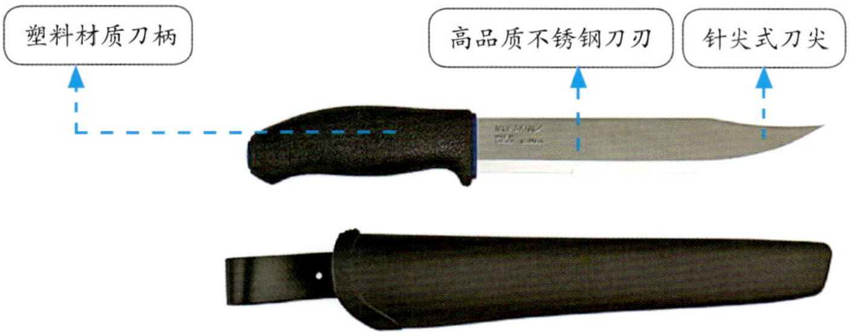

莫拉 749 求生刀是由瑞典莫拉刀具公司设计生产的一款野外求生刀。该刀刀身使用高品质不锈钢锻造，钢材拥有出色的锋利度，并能在很长一段时间内拥有良好的保持性。刀身经过平磨处理，塑料手柄外裹覆着黑色橡胶材质，防滑纹路提供了出色的握持感。符合人体工程学设计的高摩擦手柄，结合刀身优良的锋利度和保持性，让刀具更加高效、舒适和安全。

小档案	
质量：	581克
全长：	358毫米
刃长：	225毫米
刃厚：	5毫米
刃宽：	24毫米

西班牙奥托“丛林之王”求生刀

“丛林之王”（Jungle King）求生刀是由西班牙奥托公司设计生产的一款军用求生刀。该刀按尺寸大小和附件数量分Ⅰ型、Ⅱ型、Ⅲ型三种型号，Ⅰ型侧重劈砍，Ⅱ型和Ⅲ型主要用于穿刺。三种型号的刀身都以铆接的方式固定在刀柄上，刀身刻印有刀具的品牌、型号、出产编号等。“丛林之王”求生刀有着卓越的性能和优良的品质，目前被多个国家的军队和警队采用。

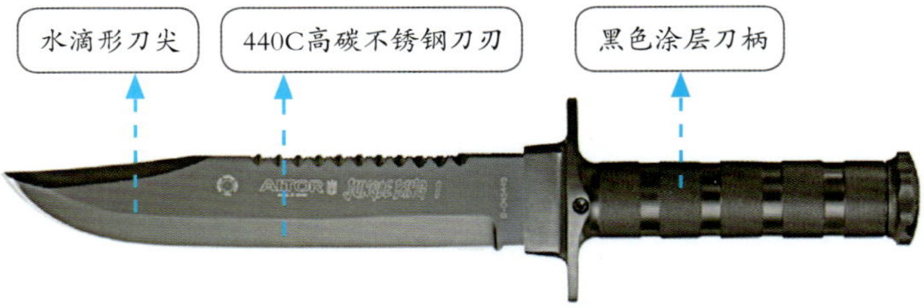

南非伯纳德匕首

伯纳德匕首由南非刀具设计师伯纳德·阿尔诺设计。它兼具实用性和美观性，最大的特色是采用多种特殊材料用于手柄制作，包括疣猪獠牙、长颈鹿骨、沙漠铁木、猛犸臼齿和渍纹枫木等。伯纳德匕首全部采用手工凹磨处理和抛光工序，并配备由南非水牛皮制成的定制刀鞘，目前有不少国家的军队尤其是特种部队都采用了这种小巧的匕首。

小档案	
质量：	280克
全长：	125毫米
刃长：	56毫米
刃厚：	3毫米
刃宽：	19.5毫米

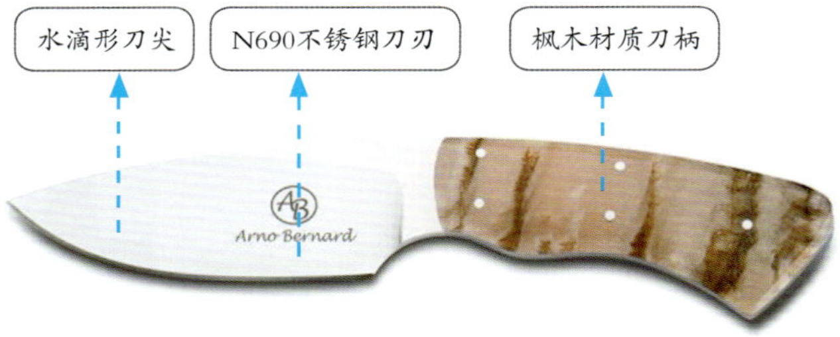

小档案	
质量：	167克
全长：	245毫米
刃长：	127毫米
刃厚：	4毫米
刃宽：	24毫米

日本关兼常KB213猎刀

关兼常KB213猎刀是由日本著名刀匠关兼常（Kanetsune）设计的橡木柄猎刀，拥有良好的切割性能，以及平衡的手感。该刀的刀鞘用真皮穿孔扣环结合，可配挂腰间，实用又美观。刀鞘的外表涂有漆类，呈现特异的古朴质感。

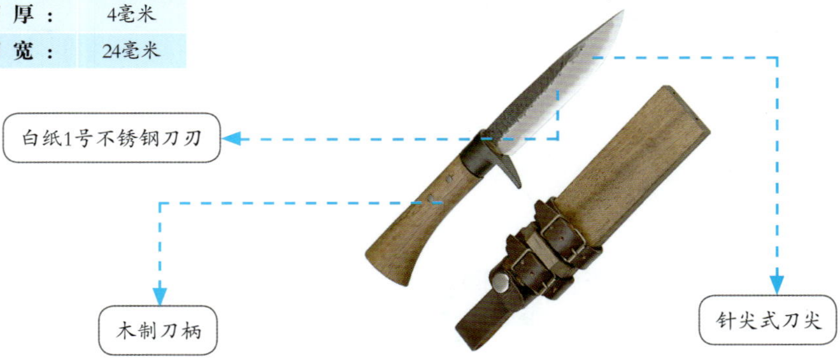

第5章

弓弩类冷兵器入门

弓弩作为古代的重要军事武器，是古代战争中不可缺少的武器装备之一。到了现代，弓弩依然被广泛运用于狩猎、运动比赛，并在非常规作战中被特种部队使用。本章主要介绍二战以来各国设计、制造的经典弓弩类冷兵器，每种弓弩都简明扼要地介绍了其制造背景和用途，并有准确的参数表格。

美国天魄“幽灵”CLS弩

小档案

质　量	：	3.83千克
全　长	：	971.6毫米
全　宽	：	523.9毫米
箭　速	：	104.5米/秒

“幽灵”CLS 弩（Phantom CLS）是由美国天魄公司设计生产的弩。它运用了天魄公司最新的紧凑型弓片技术，让使用者得到平滑的击发感觉，发射时的振动极小，噪音也很低。安全方面，该弩设有附加握柄保险：即使打开保险，若手部没有紧握弩托底部也无法发射，从而防止意外击发。上弦助力绞盘可轻松地辅助上弦。另外，该弩内置上弦助力绞盘，可轻松地辅助上弦。

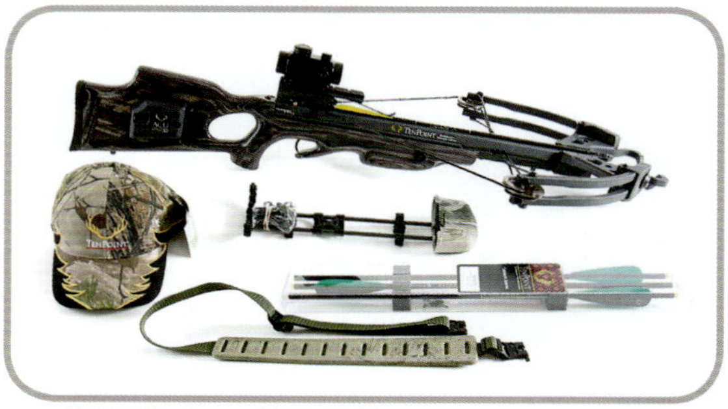

▲ “幽灵”CLS 弩及配件

▲ “幽灵”CLS 弩前方特写

美国天魄“隐形者”XLT弩

小档案	
质 量 ：	3.32千克
全 长 ：	946.2毫米
全 宽 ：	640.9毫米
箭 速 ：	93米/秒

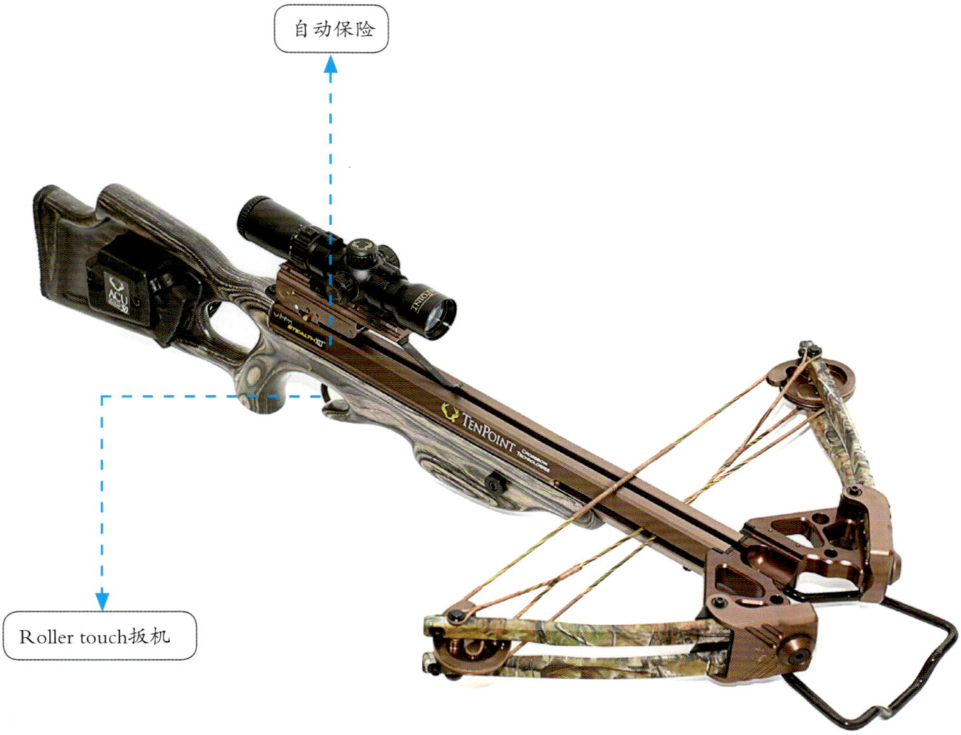

“隐形者”XLT 弩（Stealth XLT）是由美国天魄公司设计生产的弩。该弩采用天魄公司独有的扳机，打击行程约29.85厘米。该弩配备自动保险，上弦时即自动打开。与“幽灵”CLS弩一样，“隐形者”XLT 弩也内置了上弦助力绞盘，帮助使用者上弦。

▲“隐形者”XLT 弩侧方特写

▲“隐形者”XLT 弩后方视角

美国霍顿“愤怒”弩

小 档 案

质　量	：	3.9千克
全　长	：	350毫米
全　宽	：	120毫米
箭　速	：	109.7米/秒

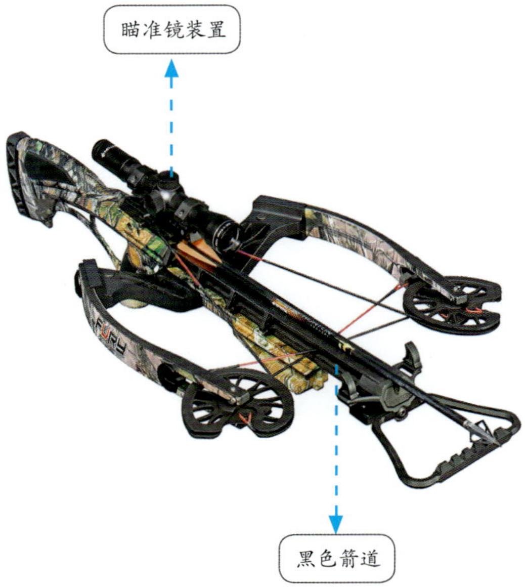

“愤怒”（Fury）弩是由美国霍顿公司设计生产的弩。该公司是美国最著名的弓弩制造公司之一，其产品极具创意。霍顿公司的销售颇为成功，是目前在中国唯一合法的外国弩制品公司，在北京设有办事处。霍顿弩的主要型号有“兄弟”（Brotherhood）、“团队”（Team）、“侦察兵”（Scout）、“破坏”（Havoc）、“集骨者”（Bone Collector）和“愤怒”等。其中，“愤怒”弩是霍顿公司最新的产品之一，集合了各项新技术，性能与之前型号相比提升较大。

小 档 案

质　量	：	3.76千克
全　长	：	847毫米
全　宽	：	431.8毫米
箭　速	：	109.7米/秒

美国碳快车“拦截”弩

“拦截”（Intercept）弩是由美国碳快车公司于2013年推出的复合弩，其设计理念很多都来自于游戏。“拦截”弩的每个组件都可以独立拆卸，包括箭道、弩头、把手、弩托、瞄准具等，使用者都可以任意组装。弩头的瞄座可以延伸，使光学瞄准镜可以尽可能地向前安装，有效减短弩托的长度，减少瞄准镜被碰歪的可能。“拦截”弩的很多设计都符合现代弩的发展趋势，如三角形的弩头、轻便小巧的外观、足够大的威力等。

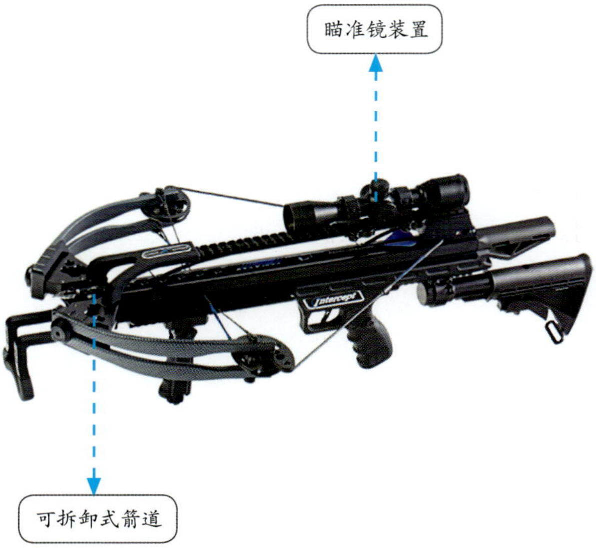

美国PSE“精英”弩

小 档 案

质 量	：	2.86千克
全 长	：	926毫米
全 宽	：	632毫米
箭 速	：	122.5米/秒

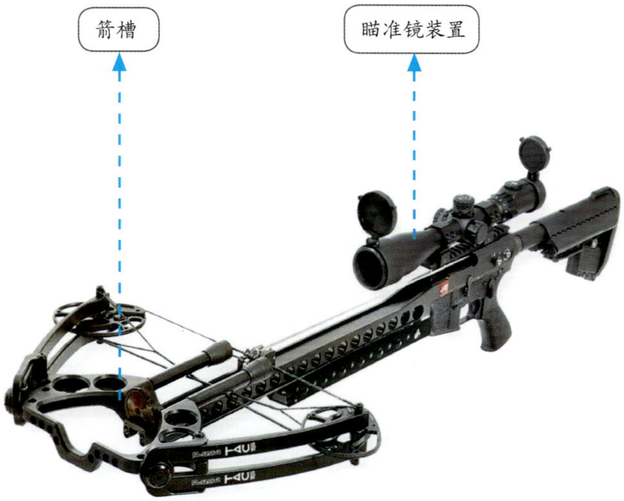

“精英”弩是由美国PSE公司设计生产的弩，以箭速快著称。这种弩的构造极具特点，前半部分是PSE公司生产的弩头，后半部分则是AR-15/M16突击步枪的一部分。一般的弩是将箭支安放在弩身的箭槽中，而“精英”弩却是架在箭台与十字弓弦之间，箭支本身是悬空的（也就是没有一般的弩必需的箭道），因此在发射时，箭支就不会与弩身的箭槽产生摩擦，减小了作用力，同时也提高了精度。

美国SCORPYD“呼吸机”弩

小 档 案

质 量	：	3.3千克
全 长	：	950毫米
全 宽	：	570毫米
箭 速	：	129.5米/秒

“呼吸机”弩是由美国SCORPYD公司设计生产的弩，拥有多项反向弩的设计专利。这种弩的箭速极快，拥有出色的平衡感和人体工程学设计，射击精度较高，能带给使用者完美的射击体验。“呼吸机”弩可以折叠，从而在任何环境中提供最为有利的便携性和机动性。这种弩的箭道以航空钛合金制造，弩身经过军用级表面涂层处理。

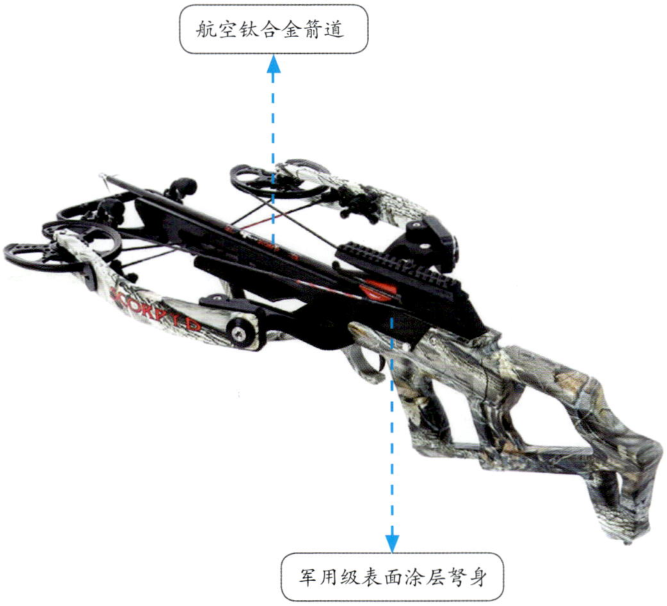

加拿大亚瑟“马克思”弩

小档案

质　量	：	3.36千克
全　长	：	914毫米
全　宽	：	689毫米
箭　速	：	107米/秒

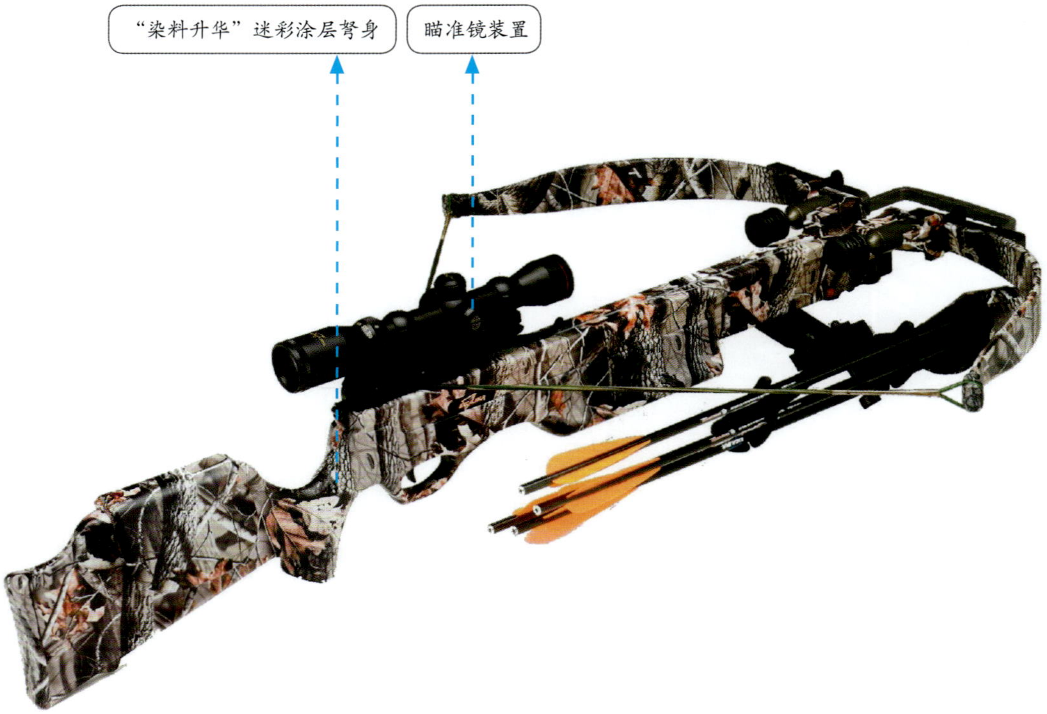

“马克思”（Exomax）弩是由加拿大亚瑟公司设计生产的弩，也是该公司研制的威力最大的反曲弩。“马克思”弩运用了亚瑟公司专利的仿真硬实木迷彩技术，并经过“染料升华”印染术以达到最佳的迷彩效果。由于采用了亚瑟公司专利设计的击发系统，该弩的扳机力为世界顶尖水平。

▲ **“马克思”弩侧面特写**

▲ **“马克思”弩后侧方特写**

小 档 案	
质 量：	3.25千克
全 长：	873毫米
全 宽：	619.6毫米
箭 速：	92.96米/秒

加拿大亚瑟“凤凰”弩

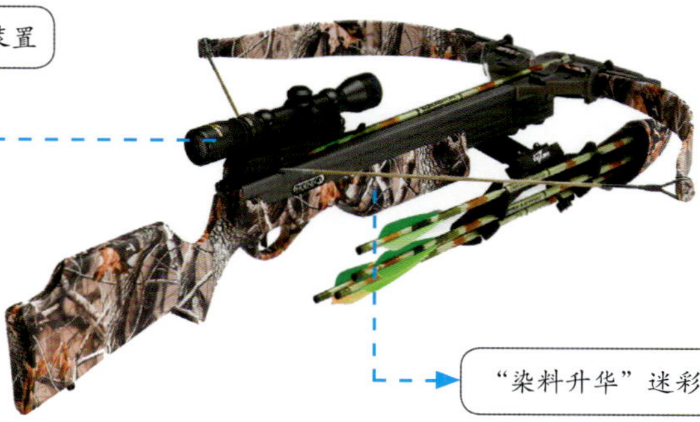

“凤凰”（Phoenix）弩是由加拿大亚瑟公司设计生产的弩。该弩采用了相对紧凑的设计，只有36.83厘米的打击行程却可以输出92.96米/秒的箭速，这造就了“凤凰”弩在同等体积的弓弩中佼佼者的地位。“凤凰”弩是既需要结构紧凑、质量较轻但又不愿在穿透力和精度上让步的使用者最理想的选择。

加拿大亚瑟“旋风”弩

“旋风”弩是由加拿大亚瑟公司设计生产的弩，于2007年推出。该弩使用最新孔型握把设计，更符合人体工程学的同时也更加坚固耐用，足以应对最艰苦的环境。“旋风”无须凝视便可精确瞄准，高达101米/秒的箭速使箭道更加稳定，目标穿透力也得到了大幅度提升。

小 档 案	
质 量：	2.45千克
全 长：	1010毫米
全 宽：	836毫米
箭 速：	101米/秒

小 档 案	
质 量：	2.68千克
全 长：	901.7毫米
全 宽：	736毫米
箭 速：	86米/秒

加拿大亚瑟“雌狐”II型弩

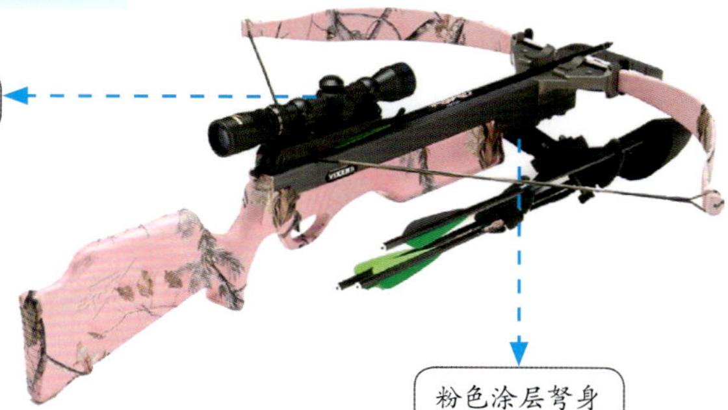

“雌狐”II型（Vixen II）弩是由加拿大亚瑟公司设计生产的弩。这是一款高效实用的弩，在保证质量和耐用性的前提下兼顾了经济性。专利的3磅（约1.36千克）扳机系统和可靠的反曲弓片使其达到了较高的精度。“雌狐”II型弩的设计虽然更短、更轻、更加紧凑，但即使是在最大型的狩猎活动中仍然具有足够的目标穿透力。

英国巴力“野猫”弩

小档案	
质量：	2.68千克
全长：	910毫米
全宽：	689毫米
箭速：	97.54米/秒

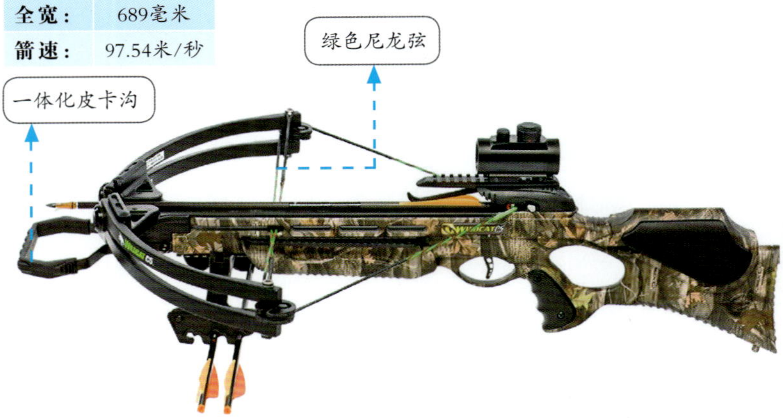

“野猫”弩是英国巴力公司设计生产的弩。该公司拥有四十多年的历史，无论是在其创始地英国还是在移师美国后的今天，它都以高性价比的产品位居世界弓弩行业的领导地位。数十年来，巴力公司的产品销量一直居于世界前列，其产品的定位属于中端产品，但近年来也在积极开拓高端市场。

英国巴力RC-150弩

20世纪70年代，英国巴力公司设计的RC-150弩由于其外观优美，使用轻便，能够满足初学者与猎人挑战的要求等特点，一经推出便迅速成为北美地区最流行的弓弩之一。该弩的不足是它的弩头无法拆卸，因此被后来的升级产品“孤狼”替代。

小档案	
质 量 ：	2.58千克
全 长 ：	850毫米
全 宽 ：	647毫米
箭 速 ：	89米/秒

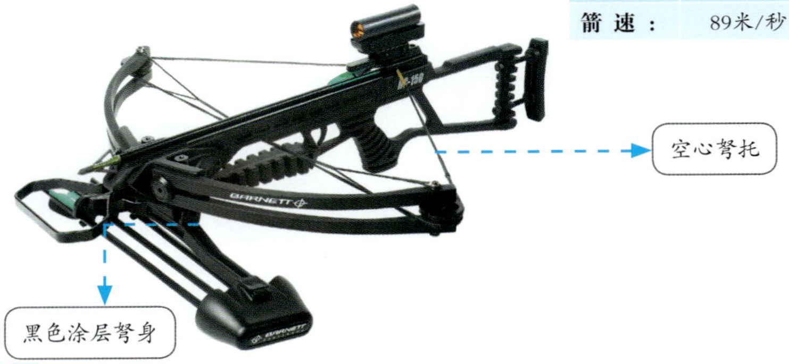

奥地利拜因·施泰德“轻骑兵”弩

小档案	
质量：	1.8千克
全长：	380毫米
全宽：	260毫米
箭速：	91米/秒

“轻骑兵”（Hussar）弩是奥地利拜因·施泰德公司研制的一款加强型的欧式狙击手弩，由拜因·施泰德公司首席设计师帕尔设计，样图于1982年成型，第一件成品却在1992年才面世。该弩原本是针对以色列摩萨德特工执行特殊任务而开发，后几经改进，性能日趋成熟，现已广泛装备欧洲各国的反恐部队和特工系统。

第6章

战斧类冷兵器入门

斧是一种金属砍削工具，在格斗、狩猎中，斧都有很强的近距离战斗力。除了近战格斗，一些特制的斧头还可以用以投掷。在古代，装备战斧的军队往往能够轻易击败使用刀剑的敌军。本章主要介绍二战以来各国设计、制造的经典战斧，每种战斧都简明扼要地介绍了其制造背景和用途，并有准确的参数表格。

美国冷钢92BKAXG训练战斧

小档案

质 量	：	530克
全 长	：	530毫米
刃 长	：	102毫米
柄 厚	：	243.8毫米

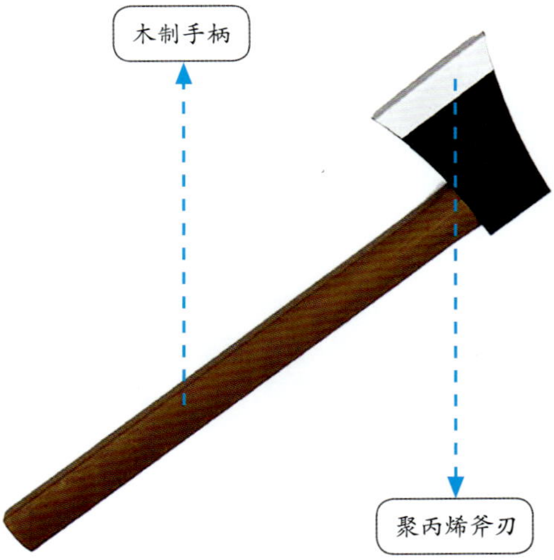

92BKAXG训练战斧是美国冷钢公司于2001年设计的一款非常具有东方色彩的训练战斧，其逼真的外形和超高的实用性吸引了众多消费者的青睐。与冷钢公司的其他塑钢训练产品一样，这款战斧的坚固性和耐击打能力相当不错，因此在用于训练时，要做好身体和面部的防护工作。

美国冷钢90PTH战壕斧

小档案

质 量	：	680克
全 长	：	483毫米
刃 长	：	89毫米
柄 厚	：	222毫米

冷钢90PTH战壕斧外观设计流畅，拥有强大的劈砍、切削能力，斧头配备有安全防爆套，可以保护使用者不被误伤。该斧头采用1055高碳钢材，能适应任何高强度的野外环境。除此之外，由于采用了ZYTEL材料制成的手柄，该斧头总体质量较轻，防滑效果比同类产品更好。

美国冷钢90WVBA维京手斧

小档案

质　量	：	499克
全　长	：	762毫米
刃　长	：	152毫米
柄　厚	：	159毫米

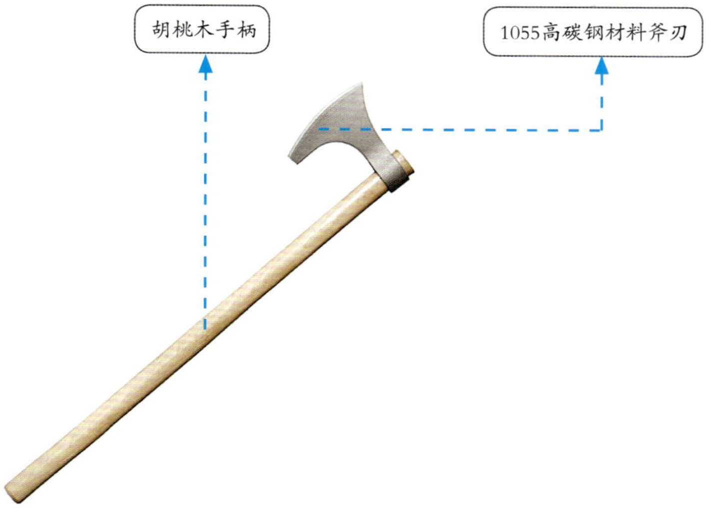

90WVBA 维京手斧是美国冷钢刀具公司制造的一款用于户外防身的武器。与 90WVBA 维京手斧同系列的武器还包括 90PHH 带鞘烟斗斧、90PHH 无鞘烟斗斧、90SH 无鞘钉头斧、90SH 带鞘钉头斧、90N 挪威斧和 89VA 长柄维京斧。

美国蝴蝶172BKF战斧

小档案

质　量	：	1043克
全　长	：	412.8毫米
刃　长	：	190.5毫米
柄　厚	：	243.8毫米

蝴蝶 172BKF 战斧是由美国蝴蝶刀具公司设计生产的锻造钢一体龙骨多用途战斧。该斧头整体采用 4140 铬钼钢制造，一体龙骨结构，手柄采用黑色 G10 贴片，具有极佳的手感。整体厚度达 9 毫米，可以用来破拆或求生使用。这款战术斧的尾柄同时还是一个很强有力的撬棍。

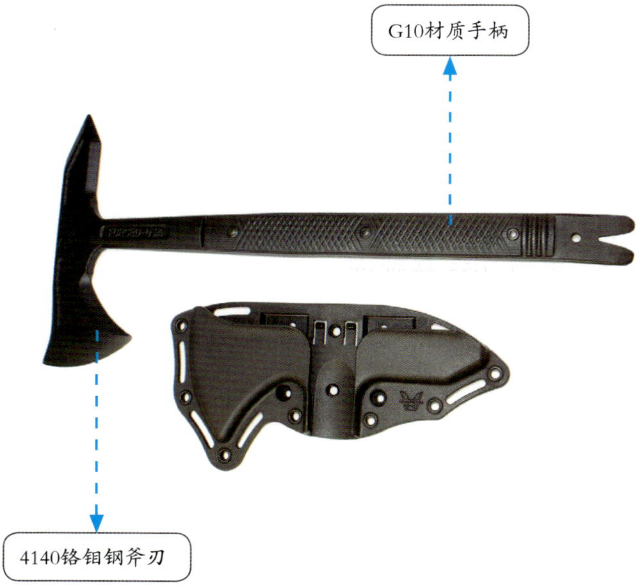

美国哨格“巫毒”战斧

小档案

质　量：	808克
全　长：	319毫米
刃　长：	88.9毫米
柄　厚：	123毫米

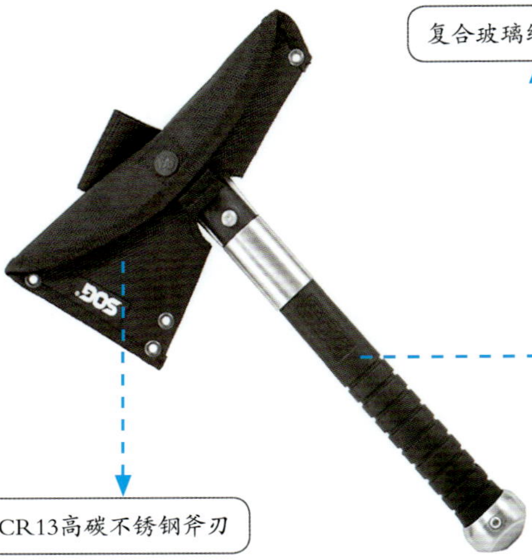

“巫毒”（Voodoo）战斧是由美国哨格公司设计生产的战斧。该斧头由整块3CR13高碳不锈钢精工锻造而成，不同区域采用不同的热处理，使斧锋和尖端位置比两者中间的部分硬度更高，使其防振性能更好。手柄采用高强度的复合玻璃纤维材料，质轻而坚固。美军“斯特赖克”装甲车中配备了“巫毒”战斧，作为标准配备工具。

美国哨格F18-N户外生存多功能战斧

小档案

质　量：	654.9克
全　长：	317.5毫米
刃　长：	69.9毫米
柄　厚：	142毫米

F18-N户外生存多功能战斧的设计整体比较厚重，斧刃锋利。尾部有坚固的敲击锤，用于敲破石块、木头、窗户等。该斧头用整块高碳不锈钢精工锻造，斧刃和尾部硬度高，适合各种高强度的作业。此外，为了便于携带，F18-N户外生存多功能战斧还配备了尼龙鞘。

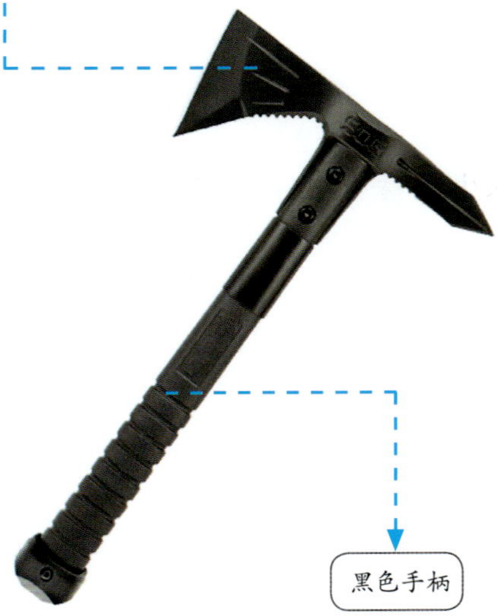

美国哨格TH1001-CP“飞鹰”投掷战斧

小 档 案

质　量	：	720克
全　长	：	273毫米
刃　长	：	44.5毫米
柄　厚	：	110毫米

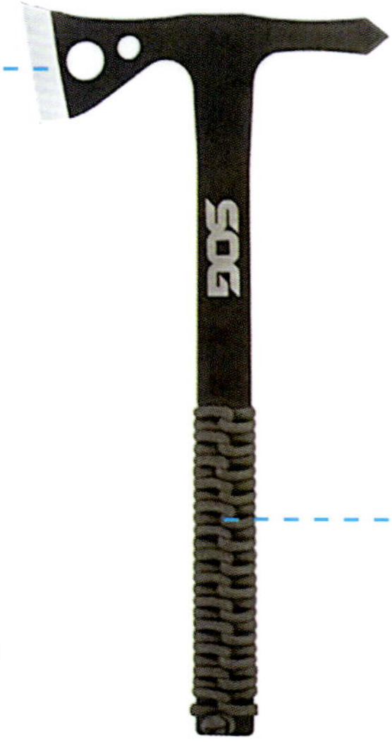

TH1001-CP“飞鹰”投掷战斧是美国哨格公司推出的一款目标投掷战斧，一套有三把斧头。这套战斧设计精巧，使用便利。战斧表面采用黑色涂层，防刮耐磨，具有合适的尺寸比例。手柄采用了缠绳设计，配有尼龙斧头套。

美国哨格SK1001-CP生存战斧

小 档 案

质　量	：	720克
全　长	：	307毫米
刃　长	：	76毫米
柄　厚	：	98毫米

SK1001-CP生存战斧是一款轻便、锋利并具有多功能性的武器，其设计来源于各种实战求生的循环测试。该战斧斧面采用锻面高抛光处理，有菱形凹凸槽纹理，斧柄底部内藏打火棒，在户外求生时可以用来生火。高强度缠绳手柄具有良好的握持感，缠绳在紧急状态下也能用作生存工具。

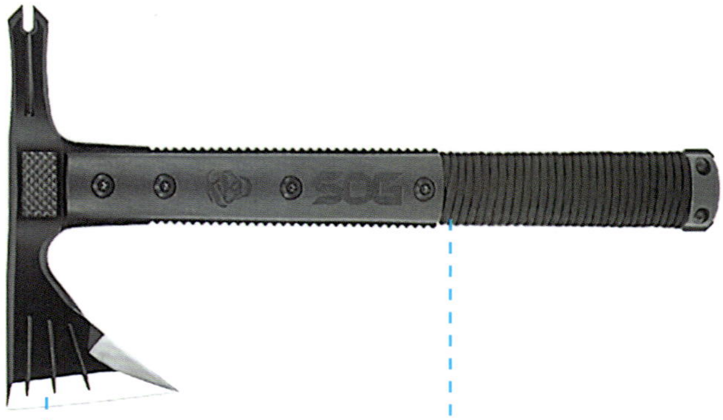

美国哥伦比亚河 K900KKP手斧

小档案

质　量：	433克
全　长：	241毫米
刃　长：	140毫米
刃　厚：	6.8毫米

K900KKP手斧是由美国哥伦比亚河刀具公司设计生产的手斧。这是一种多功能的工具，可以处理重型任务，如作为砍刀来分开猎物的盆骨。K900KKP手斧的斧刃格外厚重，具有传统切割刀的特点。手柄先用较硬的黑色聚丙烯一次成型，随后是较软的墨绿色TPE塑料（一种热塑性弹性体材料）插入件，非常符合人体工程学，即使在寒冷天气戴手套时也能保持稳固地抓握和操作。

小档案

质　量：	663.3克
全　长：	324毫米
刃　长：	76毫米
柄　长：	248毫米

美国巴克0106WAS-B救援斧

巴克0106WAS-B救援斧采用美洲改造的不锈钢，高碳、高铬使它的硬度始终保持在57HRC～58HRC，并拥有锋利的刀刃。巴克0106WAS-B救援斧外观精致典雅、手感舒适，独特的红色涂层，使其成为一款颇具个性的救援武器。

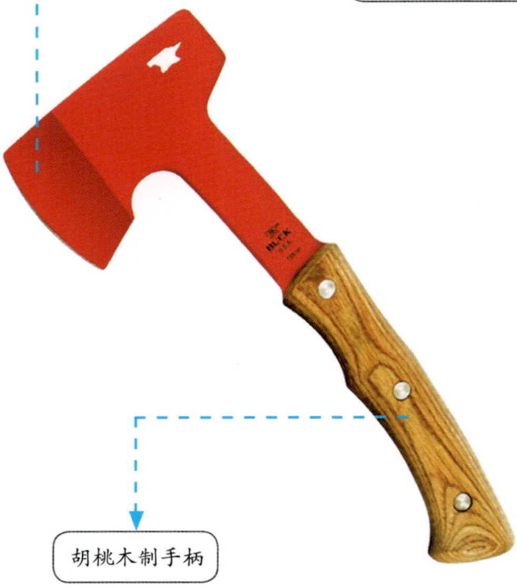

第7章

其他冷兵器入门

随着社会的复杂化以及工艺的进步，冷兵器很自然地因用途的不同而有了形形色色的改变，其发展方向不只除了材质上有所改变，也在向着大面积和高效率发展。除了常见的刀具、弓弩之外，其他冷兵器诸如警棍、救生钩之类的新生武器逐渐出现在人们的视野。本章主要介绍二战以来各国设计、制造的其他冷兵器，每种冷兵器都简明扼要地介绍了其制造背景和用途，并有准确的参数表格。

美国ASP P12伸缩警棍

小档案

质 量：	147.1克
全 长：	304.8毫米
柄 长：	125毫米

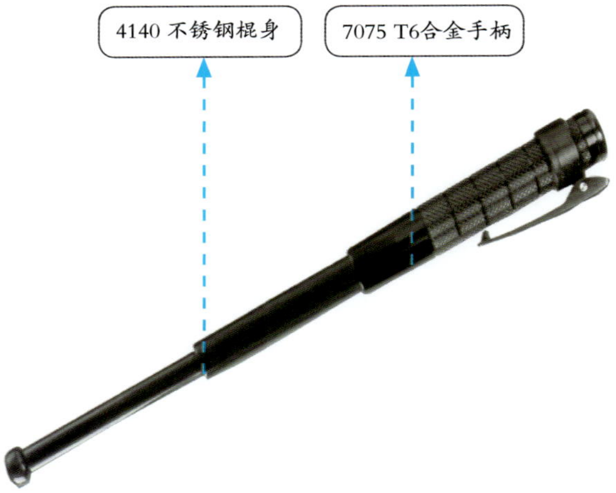

ASP P12 警棍（ASP P12 Baton）是美国武装系统程序公司（ARMAMENT SYSTEM ANDPROCEDURES，简称ASP）设计生产的一款伸缩警棍，已被世界各地超过 80 个国家和地区的专业人士装备。ASP P12 警棍具有极佳的隐藏性，采用 4140 不锈钢制作棍身承击面，7075 T6 合金制作中轴和手柄。手柄外侧切割出精密的螺旋微槽滚花图案，大大增加了把握力。棍身采用咬合式夹具，可进行拆卸调整，不管是执行何种任务，它都很容易被伸出，进行控制和防御行动。

美国蝴蝶15040救生钩

小档案

质 量：	46克
全 长：	145毫米
刃 厚：	2.5毫米

蝴蝶 15040 救生钩是由美国蝴蝶刀具公司设计生产的救生钩，绰号“集骨者”（Bone Collector）。这种救生钩汇集了蝴蝶刀具公司的制刀经验，采用专业设备制造，选用 440C 不锈钢一体成型，握柄处的波浪纹可缠上尼龙或伞绳，不仅可增加抓握手感，更可在紧急时将伞绳卸下使用。

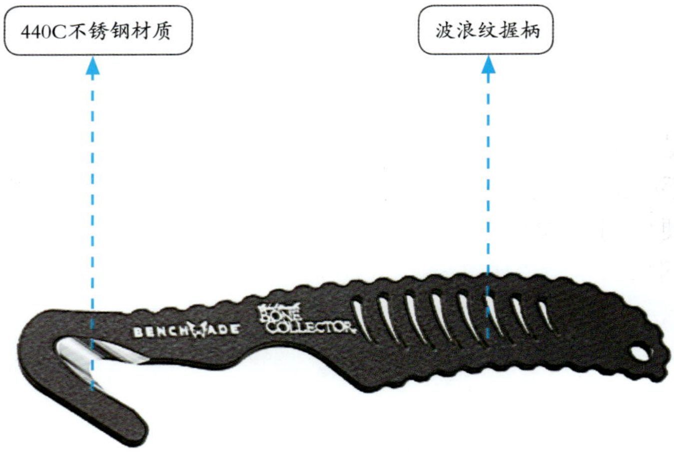

美国蝴蝶8BLKW救生钩

小 档 案

质 量	:	46克
全 长	:	145毫米
全 宽	:	2.5毫米

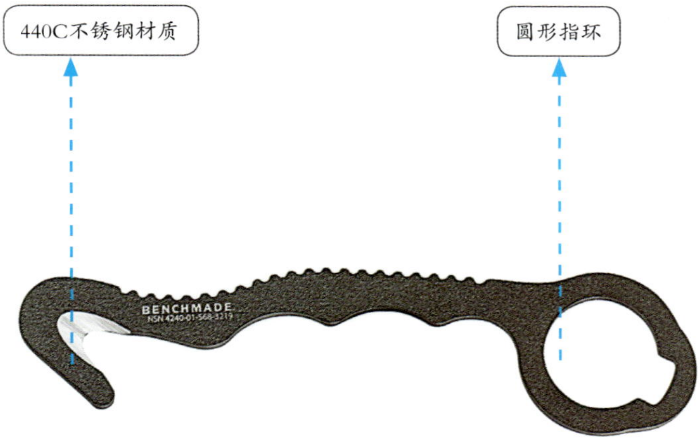

蝴蝶 8BLKW 救生钩是美国蝴蝶刀具公司设计生产的长型战术救援钩，整体以硬度高达 60HRC 的 440C 不锈钢制作，可轻易地划开安全带、布料织品、软质聚酰胺材料物质，甚至是坚韧的伞兵绳、麻绳或是皮革。刀刃与指环间的齿背柄较长，使用时整个手掌握持，使用者能够拥有精确而迅速的操作能力。

美国冷钢88SCFD弯头手杖剑

小 档 案

质 量	:	1060克
全 长	:	982毫米
刃 长	:	616毫米
刃 厚	:	5.5毫米

冷钢 88SCFD 弯头手杖剑是由美国冷钢公司设计生产的手杖剑，采用1055高碳钢制造，硬度可达 58HRC。柄材为塑钢和铝合金，质量较轻。这种弯头手杖剑是一种非常有效、机动性高的防身器具，平时可用于行进间的支撑物，一旦遭遇攻击，只要旋转柄头再用力向后抽出杆内的双刃剑就可以快速使用。

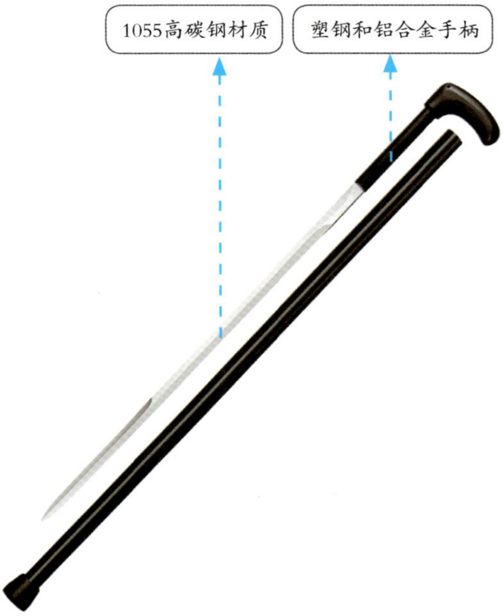

美国冷钢91STA直柄城市手杖

小档案

质　量：	386克
全　长：	956毫米
杆　径：	19毫米

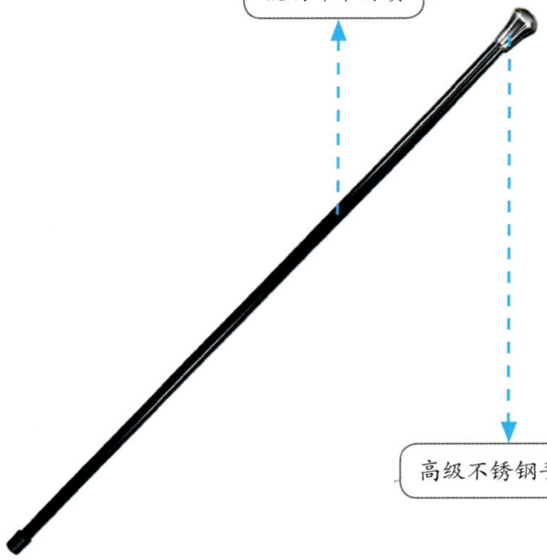

19世纪的欧洲，手杖是一种身份、地位和权力的象征，是当时绅士们的随身物品，法国人甚至还研发了一种以手杖作为武器的手杖防卫格斗技术。如今，手杖不仅是值得收藏的艺术品，还是防止外人侵犯的有力武器。冷钢91STA直柄城市手杖除了能作为徒步助行工具使用外，还被美国警察装备用以反恐防暴。

美国冷钢91PDR龙头拐杖

小档案

质　量：	930克
全　长：	1003毫米
杆　径：	456毫米

在古代神话故事里龙是一种善变、能兴风雨、利万物的动物，龙头也成为了权力的象征。冷钢91PDR龙头拐杖将威武的龙头与强悍的现代冷钢专业塑钢材料相结合，用写意的龙头形象将龙头拐杖的坚硬与威武表达得十分到位。龙头部位用于手持，能很好地贴合手型，方便握持。

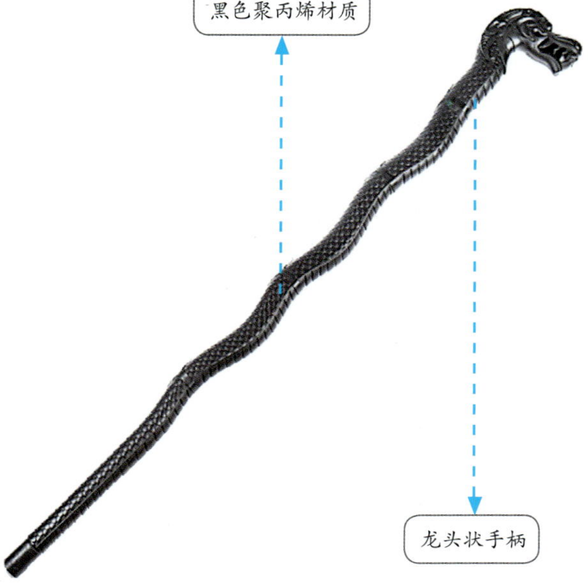

美国冷钢“迷你伙伴”钥匙刀

小档案

质 量	：	14.2克
全 长	：	67毫米
刃 长	：	25毫米
刃 厚	：	2毫米

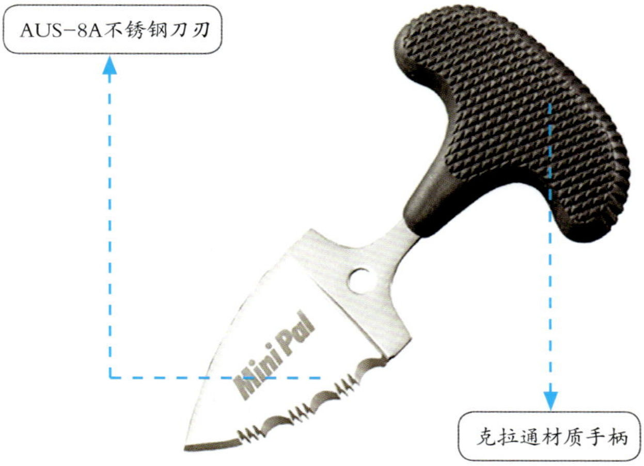

“迷你伙伴”钥匙刀是美国冷钢公司研发的一种防身精品小刀，因外形颇像生活中常见的钥匙，因此被命名为“钥匙刀”，并配有钥匙扣挂鞘。该刀的实用性非常不错，克拉通材料制成的手柄使握感非常舒适。与“迷你伙伴”钥匙刀同系列的还有 42SS“超刃”钥匙刀和 43LS“都市伙伴”钥匙刀。

小档案

质 量	：	976克
直 径	：	305毫米
厚 度	：	13毫米

美国冷钢92BKPB罗马盾牌

92BKPB 罗马盾牌是美国公司制造用于格斗训练的武器，采用聚丙烯材料，表面采用黑色涂层处理。在该盾牌的背面配备有护手及固定环，并雕刻有“COLD STEEL”（冷钢）的字样。92BKPB 罗马盾牌的质量较轻，携带方便，可操纵性较强。

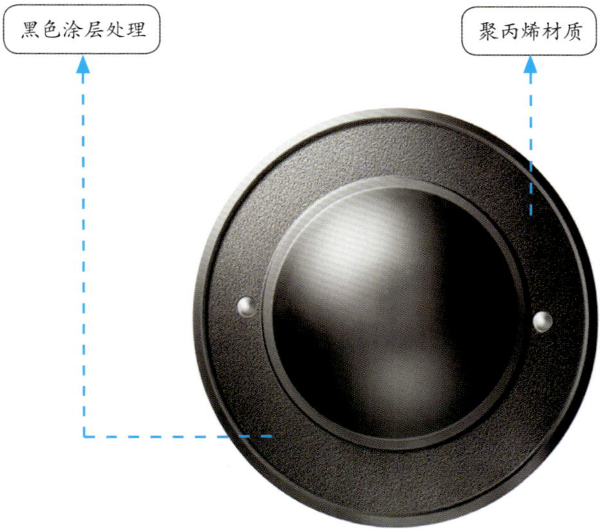

美国巴克499SSG2救援安全钩

小档案

质量	：	42克
全长	：	120毫米
刃长	：	10毫米
刃厚	：	3.7毫米

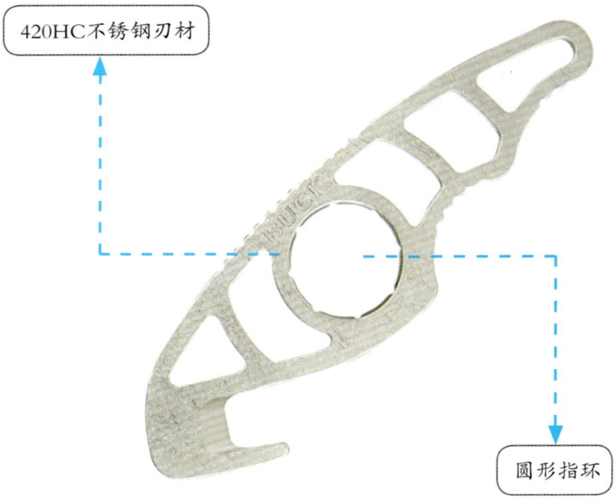

巴克 499SSG2 救援安全钩采用 420HC 不锈钢刃材，其最大特点是它采用的 BOS 热处理技术。这种处理方式是通过加热、冷却、回火等步骤，将钢材的韧性、硬度等品质得到提升，易于二次研磨，方便使用者再次打磨回原始锋利度。由于体型小巧，巴克 499SSG2 救援安全钩可在紧急情况下迅速使用并脱离危险。

奥地利格洛克G1295战术铲

小档案

质量	：	669克
全长	：	650毫米
铲宽	：	160毫米

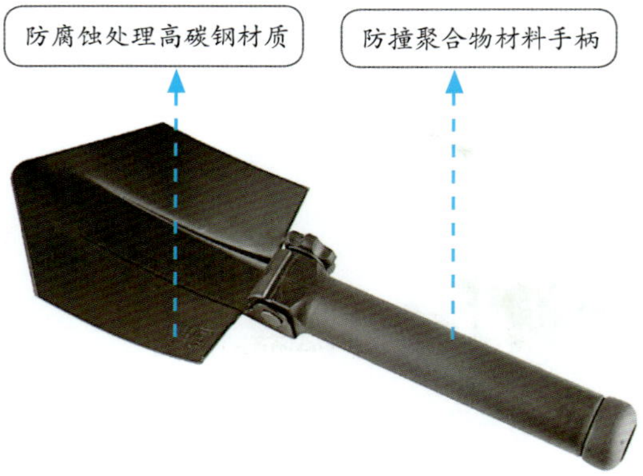

格洛克 G1295 战术铲是奥地利格洛克公司设计生产的单兵战术铲，凭借出众的性能，被选为北约部队的标准单兵装备。G1295 战术铲将多功能与便携性非常好地结合在一起，无论是材料还是结构，都是为了实用性而设计。这种战术铲为三折式设计，有三种不同角度使用，可当作山地攀抓工具。视使用场合的不同，也可利用旋转管上下伸缩铲柄的长短，握柄的尾端可转开取出锯头反插于握柄尾端当木锯使用。

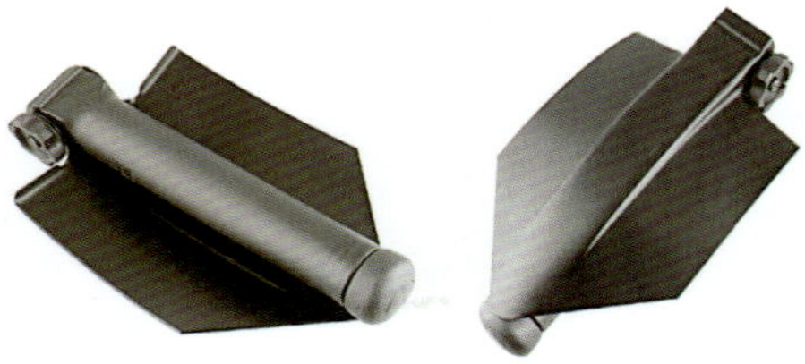

第8章

光影中的冷兵器

对于大多数人来说，接触、使用冷兵器的机会较少，更多的是通过电影和游戏等途径来感受它们。在动作题材的电影和游戏中，轻巧方便的冷兵器总是能带给人出乎意料的惊喜。本章主要介绍一些经典电影和游戏中出现的冷兵器，可以帮助读者从侧面了解这种独特的武器。

电影中的冷兵器

◆《黑客帝国》

片名	《黑客帝国》（The Matrix）
产地	美国
时长	136分钟
导演	沃卓斯基姐妹
首映日期	1999年3月31日
类型	动作、科幻
票房	6300万美元
编剧	沃卓斯基姐妹
主演	基努・里维斯、劳伦斯・菲什伯恩、凯莉・安摩丝、雨果・威文、乔・派托里安诺、葛洛莉亚・福斯特、马特・多伦、安东尼・雷・派克、保罗・戈达德

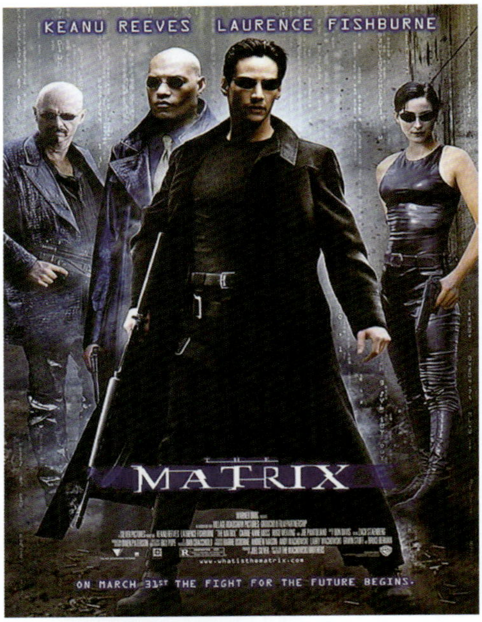

▲《黑客帝国》海报

★ 剧情简介

在矩阵中生活的一名年轻的网络黑客尼奥（基努・里维斯饰）发现，看似正常的现实

▲《黑客帝国》电影剧照

世界实际上似乎被某种力量控制着，尼奥便在网络上调查此事。而在现实生活中的人类反抗组织的船长墨菲斯（劳伦斯·菲什伯恩饰），也一直在矩阵中寻找传说的救世主，就这样在人类反抗组织成员崔妮蒂（凯莉·安·摩丝饰）的指引下，两人见面了，尼奥也在墨菲斯的指引下，回到了真正的现实中，逃离了矩阵，这才了解到，原来他一直活在虚拟世界当中。

★ 幕后制作

《黑客帝国》以很多方式解析真实、超现实主义，并阐述人的观点是实质的、物理的世界才是虚幻。《黑客帝国》中的动作戏多用称作“子弹时间”的特殊慢镜头处理，被誉为是拍摄手法的经典创新，之后的许多电影都可以看到类似黑客帝国慢动作的场景。

★ 冷兵器盘点

在《黑客电影》中，其中有一个场景是崔妮蒂使用一把短刀，并投掷击中网络上虚拟的特警队队员。这把短刀就是在美军中服役至今的 M9 刺刀。

▲ **由史密斯－韦森公司制造的 M9 刺刀**

游戏中的冷兵器

◆《战争前线》

游戏名	《战争前线》（Warface）
产地	德国
开发商	Crytek公司
上线日期	2012年1月25日
游戏类型	第一人称射击
游戏平台	PC

▲《战争前线》海报

★ 游戏剧情

在未来，各国体系相继分崩离析。一个跨国集团组成的垄断组织乘虚而入，用自己的强大财力操控了一股私人军事武装力量。他们的魔爪遍及各地，整个星球都笼罩着黑暗的阴影。他们控制了全球能源，挑起国际争端，他们主宰了这个世界的新秩序，他们自称为——“黑木帝国”。他们必须被制止！

▲《战争前线》游戏画面

★ 幕后制作

《战争前线》以画面中良好的光效表现，贴图细节，将游戏展现得淋漓尽致。游戏中武器装备的配置、不同兵种的选择以及玩家角色与场景的互动性，都突出了游戏的不同特色。游戏仅仅开放了射击游戏中的部分模式，并没有贪多，这也使得游戏的内容更加突出。

▲《战争前线》游戏画面

★ 冷兵器盘点

M7 刺刀在游戏中作为机枪的可用枪口配件出现，命名为“机枪刺刀”，专家解锁，可以安装于除新手、普通解锁、高级解锁以外的所有机枪上。该配件于配件改革后被移除，原步枪刺刀现在代替该配件也可安装于机枪上。

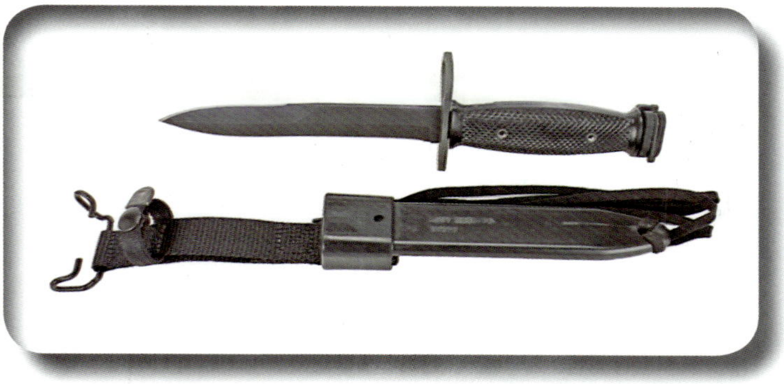

▲ M7 刺刀

◆ 《战地3》

游戏名	《战地3》（Battlefield 3）
产地	美国
开发商	艺电公司
上线日期	2011年10月25日
游戏类型	第一人称射击
游戏平台	PC、PS3、Xbox360

▲《战地 3》海报

★ 游戏剧情

游戏讲述了在 2014 年，两伊边境涌出了一个恐怖组织团体“人民解放与反抗组织”（PLR），美国海军陆战队一个五人战术小队的成员布莱克上士，发现了美军在俄罗斯的卧底但却是恐怖主义和民族复仇者的特工所罗门。布莱克抓捕了 PLR 的头目法鲁克・巴

▲《战地 3》游戏画面

希尔，并发现 PLR 只是所罗门的一颗棋子，所罗门想通过 PLR 的掩护报复欧洲和美国。布莱克沿着线索一路追查，但却没能阻止所罗门指使手下引爆核弹。随后布莱克被美国中央情报局的情报人员审问。期间发生的所有任务，都是以布莱克的回忆为主。在结尾，布莱克与一位被抓获的战友一起逃离了审问室，在追捕的过程唯一活着的战友被所罗门杀死，布莱克在自己所有的队友阵亡的情况下，杀死了所罗门，终结了他的计划。

★ 幕后制作

安迪·麦克纳布执笔一个《战地 3》的外传小说名为《战地 3：特工迪马》（Battlefield 3: The Russian），主要叙述了俄罗斯特种部队俄罗斯军事情报局（GRU）的特工迪米特里“帝玛”马雅可夫斯基和他的战友军事打击 PLR 的故事。他同时也是游戏的军事战术顾问。

▲《战地 3》游戏人物近景

★ 冷兵器盘点

卡巴刀在游戏中被命名为“军刀”。背刺（Takedown）敌方玩家成功时可取得该玩家的狗牌作为奖励。单人模式时被美国海军陆战队所使用；多人模式时被所有阵营所使用。

▲游戏中“军刀”的原型——卡巴刀

参 考 文 献

[1] 军情视点 . 冷兵器图鉴 . 北京：化学工业出版社，2016.

[2] 查克・威尔斯 . 世界冷兵器历史图鉴. 北京：人民邮电出版社，2014.

[3] 彭鹏 . 刀兵相见. 济南：山东美术出版社，2011.

[4] 瀚鼎文化工作室 . 冷兵器知识. 北京：中航出版传媒有限责任公司，2014.